혼자서
떠나보겠습니다 ✈

혼자서
떠나보겠습니다

나 홀로 해외여행을
계획하는 이들이 알아야 할 모든 것

벤 그라운드워터 지음
윤영 옮김

황금시간

차 례

일러두기

● 이 책의 외래어는 국립국어원에서 정한 외래어 표기법을 따릅니다.
● 규범 표기가 미확정된 단어의 경우, 통상적으로 많이 쓰는 것과 현지 발음과
　최대한 가까운 것으로 표기합니다.

/ 시작 /

당신도
할 수 있다

(작가가 탄 것을 포함한)
패러글라이더들이
스위스 인터라켄
하늘 위를 날고 있다.

무엇이든
할 수 있다.

이것은 꼭 기억해야 할 포인트이자, 규칙적으로 외어야 할 주문이다. 솔직히 난 이 주문이 그 무엇보다 중요하다고 생각한다. 당신이 곧 떠나게 될 위대한 나 홀로 여행에는 수많은 난관이 기다리고 있기 때문이다. 낯설기 그지없는 곳에서 길을 잃을 수도 있다. 말도 안 되게 곤란한 상황에 빠질 수도 있다. 여행하다 보면 외롭거나, 혼란스럽거나, 집이 그립거나, 그냥 단순히 지루한 순간도 찾아올 것이다. 애초에 여행 같은 거 하는 게 아니었어, 하고 후회할 수도 있다.

하지만 당신은 할 수 있다. 지금 당장, 홀로 세계를 여행할 준비가 되어 있다. 당신도 모르는 사이 이미 홀로 세계를 여행할 기술과 용기, 자신감을 얻었다. 당신에겐 당신이 생각하는 것보다 훨씬 많은 능력이 있다. 자기 자신 말고는 기댈 사람 하나 없는 상황에서 이 세상과 직접 부딪치는 순간, 그 능력이 드러날 것이다. 그냥 살아남는 정도가 아니라 아주 잘 살게 될 것이다. 그리고 이 여행을 사랑하게 될 것이다. 집에 돌아오면 다음 여행을 갈망하게 될 것이고, 그런 식으로 계속해서 여행을 원하게 될 것이다.

나 홀로 여행은 결코 고난이 아니다. 당신에게 힘을 실어주는 일이자 기쁨이다. 또 나 홀로 여행은 따분한 인생을 완전히 바꿔줄 대담하고 용감한 행동이다. 당신의 발목을 붙잡고 있을지 모를 두려움을 떨쳐낼 기회이자, 늘 꿈꿔온 모험을 즐길 기회다. 이 여행으로 당신은 세상과 온갖 다양한 사람들에 대해 배우게 될 것이다. 무엇보다 중요한 건 여러분 스스로에 대해 배울 수 있다는 사실이다. 자신이 지닌 능력에 대해, 그리고 처음 비행기에 발을 디뎠을 때 품고 있었을지 모를 바로 그 질문에 대해 말이다.

나 홀로 여행은 궁극적인 자유이자 기회다. 가고 싶은 곳에 가고, 하고 싶은 것을 하고, 당신에게 딱 맞는 방식으로 세상을 보고 느끼고 맛보고 경험할 수 있다. 얼핏 고독한 여행처럼 보일 수도 있겠지만, 사실은 전혀 그렇지 않다. 홀로 여행한다는 것은 끊임없이 새로운 등장인물을 만나는 것이다. 누군가는 만나자마자 사라져버릴 테지만, 또 누군가는 평생을 함께할 사람이 될 수도 있다.

그럼 이쯤에서 중요한 질문에 답해보자. 아직도 당신의 뇌리를 떠나지 않는 그 질문, 항공권 예약 확인 버튼 누르기를 주저하게 만드는 그 질문. 지금껏 한번도 경험해보지 못한 엄청난 흥분과 모험을 안겨줄 이국적인 땅으로 떠나고 싶지만 자꾸 포기하게 만드는 그 질문.

내가 할 수 있을까?

오롯이 혼자서 세계를 여행할 수 있을까?

모든 걸 혼자 책임질 수 있을까?

할 수 있다. 조금도 의심할 여지없이 그렇다. 그리고 이제 그 여행을
시작할 때다.

보츠와나 막가디가디 판,
미어캣 한 마리가 사파리 여행객
머리 위에 자리를 잡았다.

몇 시간 만에
첫 친구를 사귀었다.

손은 베트남 사람이고 나보다 몇 살 어린 것 같았다. 정직하고 친근한 얼굴에 성격이 느긋한 사내였다. 운이 좋았던지 하노이에 도착한 지 겨우 세 시간 만에 같이 수다도 떨고 어울려 다니며 친하게 지낼 현지인을 만났다. 어떻게 나한테 이런 일이?

내가 호안끼엠 호숫가에 앉아 찬찬히 주위를 둘러보며 새로운 환경에 적응하고 있을 때, 그가 다가왔다. 그는 자신을 학생이라 소개하며 영어 회화를 연습해보고 싶다고 했다. 나는 현지인을 만나고 싶어 하는 여행객이었으니 거절할 이유가 없었다.

손과 나는 한참 대화를 나눴다. 그러다 그가 나만 괜찮다면 점심도 꼭 함께 먹었으면 좋겠고, 직접 도시를 구경시켜주면서 베트남 문화도 같이 즐기면 참 기쁘겠다고 말했다. 나는 그 말에 백 퍼센트 찬성했다. 이번이 첫 번째 나 홀로 여행이었고, 아시아 여행 역시 처음이었기 때문에 나는 마음을 활짝 연 상태였다. 새로운 경험을 쌓기 위해, 새로운 이야기를 만들어나가기 위해 생각은 던져두고 마음이 시키는 대로 행동해볼 요량이었다.

게다가 손의 아이디어는 대단히 흥미로웠다. 그는 내게 조금 색다른 것을 소개해주고 싶다고 했다. 대부분의 여행객은 잘 모르는데 베트남에서는 뱀 고기가 별미라고 했다. 나만 원한다면 같이 먹으러 가자고 하기에 나는 당연히 승낙했다. 그래서 우리 둘은 택시 뒷자리에 올라탔다. 도시를 가로지르고 강을 건너 달렸다. 차창 밖으로 하노이 중심부의 고층 건물들이 스쳐 지나갔다. 주위를 달리는 차들이 점점 줄어들더니 마침내 도시 외곽에 들어섰다.

얼마 후 우리는 먼지 날리는 오래된 길가에 위치한 별 특징 없는 식당 앞에 도착했다. 그 식당은 내가 상상했던 것과는 전혀 딴판이었다. 한참 신이 난 상태였기에 망정이지 평소였다면 겁에 질릴 법한 모양새였다.

자리에 앉자 손이 메뉴를 설명했다. 큰 뱀과 작은 뱀 중 고를 수 있다고 했다. 그러면 주인이 우리가 보는 앞에서 살아 있는 뱀을 잡아줄 거라고, 껍질을 벗기고 피를 빼낸 뒤 토막을 낼 거라고 했다.

난 잠시 망설였다. 난 내가 새로운 것을 받아들일 준비가 되어 있다고 생각했다. 진짜 생생한 경험을 해보고 싶었다. 하지만 아무래도 준비가 안 된 모양이었다. 여행 첫날, 도착한 지 몇 시간밖에 지나지 않았는데 갓 도축한 뱀을 맞닥뜨리게 될 줄은 꿈에도 몰랐다.

"그러니까, 음, 미리 조리한 뱀은 없는 거야? 좀 작은 걸로." 내가 물었다.

물론 있었다. 뱀 스프링롤을 먹어도 되고, 뱀 위스키 몇 잔을 마셔도 좋을 거라고 하기에 난 잘됐다며 그러자고 했다. 그렇게 해서 우리 둘은 어디인지도 모를 음식점에 앉아 서로 이야기를 나누고 위스키를 마시며 뱀 스프링롤을 먹었다. 잘 먹고 잘 마시며 즐거운 시간을 보냈다. 그때까지도 난 어떻게 나에게 이런 행운이 찾아왔는지 도저히 믿기지 않았다. 혼자 이 세상을 경험할 기회가 온 것도 신기했고, 벌써 세상이 보답하기라도 하듯 손을 만나게 된 것도 신기했다.

딱, 계산서가 나올 때까지만 그랬다. 이번 식사는 내가 계산할 차례였다. 그리고 그때까지 나는 메뉴판도 보지 않았다. 금액이 얼마쯤 나올지 물어볼 생각도 하지 않았다. 그래봤자 베트남에서는 모든 게 싸니까. 한 끼 식사에 비싸봐야 2~3달러밖에 하지 않으니 물어볼 필요가 없었다.

하지만 이번 식사는 달랐다. 지폐 한 장이 내 손에서 빠져나갔다. 100달러. 무려 100달러라니! 일주일 치 예산, 한 달 치 식비였다. 어마어마하게 큰돈이었다. 그리고 계산서보다 더 끔찍한 것은, 나름 '친구'라고 생각했던 녀석이 나를 거기로 데려갔다는 사실이었다. 나는 특별한 것도 운이 좋은 것도 아니었다. 난 그냥 호구였다. 손은 내가 속여먹기 쉬운 사람이라는 사실을 알고 내게 말을 건 것이다. 이럴 줄 알았으면 차라리 이마에 호구라고 써놓을 걸 그랬다.

너무 난감한 나머지 싸울 힘도 없었다. 난 시내에서 벗어난 곳에 혼자 있었고, 호스텔로 돌아갈 방법도 몰랐다. 내가 말도 안 된다고 하자,

그들은 뱀이 얼마나 비싼지 아느냐며, 정말 특별하고 다루기 위험하다고 말했다. 난 지금 100달러가 없다고 했다. 누가 그렇게 큰돈을 갖고 다니냐면서. 그랬더니 그들은 일단 가진 걸 다 내놓으면 된다고 했다. 내겐 70달러가 있었고, 그들은 그거면 된다고 했다.

난 어안이 벙벙한 채 음식점에서 걸어 나왔다. 어쩐지 일이 술술 잘 풀린다 싶더니만, 홀랑 말아먹었다. 손과 나는 오토바이 택시에 올라타 다시 시내로, 호스텔로, 그나마 내가 아는 장소로 되돌아왔다. 손은 별일 아니라는 듯 여전히 수다를 떨었다. 하지만 나는 너무 놀라서 아무 말도 하지 못했다. 어쩌다 이런 일이 일어났나 싶어 충격에서 헤어나오지 못했다. 호스텔에 도착하자 나는 손에게 택시비로 낼 지폐 몇 장을 쥐여주고 내렸다. 그렇게 나는 어깨를 축 늘어뜨린 채 텅 빈 지갑을 쥐고 떠나야만 했다.

손은 미소를 지으며 이렇게 물었다. "이봐, 내일 점심때는 뭐 할 거야?"

죽느냐,
사느냐.

나 홀로 여행객에게도 이런 순간이 온다. 그래도 우린 어떻게든 살아남는다. 혼자 여행하다 보면 실수를 하게 마련이다. 예상보다 많은 돈을 쓸 수도 있고, 가지 말아야 할 곳에 갈 수도 있다. 버스를 잘못 탄다거나, 다른 호스텔로 갈 수도 있고, 믿지 말아야 할 사람에게 마음을 주기도 한다. 하지만 이런 실수는 여행하면서 누구나 겪는 경험이다. 이런 경험을 통해 더 강하고, 더 똑똑하며, 더 회복력 좋은 사람이 될 수 있다.

나는 손에게 전혀 원한을 품지 않았다. 그는 그저 출세하길 원하는 사내일 뿐이었다. 그는 그저 멍청한 관광객을 속여 돈을 쓰게 만드는 방법을 택한 것뿐이었다. 물론 그것이 이상적인 방법은 아니었지만 말이다. 하지만 그를 만난 덕분에 나는 멍청한 관광객 중 한 명에서 조금 더 똑똑한 사람으로 성장할 수 있었다. 70달러의 비용으로 말이다. 어쨌든 여행이란 이런 사건의 연속이다. 특히 나 홀로 여행에선 더 그렇다. 홀로 세상을 구경하다 보면 결국 수많은 일화를 얻게 된다. 어떤 일화에서는 여러분이 영웅으로 그려지겠지만, 또 어떤 데서는 멍청이로 남을 것

요르단 페트라의 보고,
잊을 수 없는
그 입구의 모습.

바르셀로나의 매력적인 거리.

이다. 그래도 괜찮다. 여행을 자주 다니다 보면 그런 기복도 없어질 것이다.

그렇다고 사람들에게 들려줄 이야깃거리를 수집하기 위해서 나 홀로 여행을 떠나기로 한 건 아니었다. 나에게 변화를 주거나 교육적인 경험을 하고 싶어서도 아니었다. 내가 혼자 여행을 떠난 것은 홀로 세상을 구경하는 수많은 여행객과 똑같은 이유에서였다. 필요성. 가끔은 그저 아무도 없이 혼자서 떠나고 싶을 때가 있지 않은가.

당신 역시 같은 이유에서 홀로 여행을 떠나기로 한 거라면 두려워할 필요 없다. 누구나 충분히 수긍할 수 있는 생각이니까. 가끔은 당신이 하고 싶어 하는 일을 함께 하고자 하는 이가 아무도 없을 수 있다. 간단하다. 고등학교나 대학을 막 졸업했거나, 회사를 그만뒀거나, 애인과 헤어졌을 때, 그리고 늘 꿈꿔오던 놀라운 경험을 해보고 싶어졌을 때 등 마침 처지가 같은 지인이 아무도 없을 수 있다. 아니면 다른 사람과 타협하는 데 싫증이 났거나, 다른 사람들이 원하는 여행 방식이 마음에 들지 않을 때, 내가 맞춰주다 보면 상대도 나한테 맞춰주지 않을까 하는 막연한 기대만 품은 채 내 소중한 시간을 낭비하는 짓을 그만하고 싶을 때일 수도 있다.

나 홀로 여행을 떠나는 이유는 다 비슷하다. 내가 처음 나 홀로 여행을 떠난 것도 그런 이유가 한몫했다. 그저 같이 갈 사람이 없었다. 그때 나는 20대 초반이었고, 5년간의 연애에 막 종지부를 찍은 상태였으며, 내 일을 좋아하기는 했지만, 성과를 내지 못하고 있었다. 내가 아는 사람 중 나랑 같은 처지에 있는 사람이 없었기에 홀로 떠났다.

나는 15년간 나 홀로 여행을 해왔다. 모든 대륙을 누비며 수십 개국을 다녔고 셀 수 없이 많은 도시를 방문했다. 좋은 시간을 보낼 때도 있었지만, 나쁜 경험을 할 때도 있었다. 정신 나간 실수를 하고 온갖 말도 안 되는 상황에 스스로를 빠뜨리기도 했지만, 결국 빠져나올 방법을 찾아냈다. 그렇게 나는 나 홀로 여행을 좋아하게 되었고, 홀로 여행하면서 경험하는 모든 상황에 감사했다. 물론 사소한 골칫거리도 있다. 화장실 갈 동안 짐을 맡아줄 사람이 없다거나, 음식점에서 다양한 메뉴를 주문하지 못한다는 것. 그러나 그런 것들은 홀로 여행할 때만 느낄 수 있는 자유로 충분히 만회할 수 있다. 새로운 사람들을 만나고, 나 스스로 결정을 내리며, 자신에게 도전하고, 내 능력을 찾아낼 기회를 얻을 수 있어 얼마나 좋은지.

당신의 꿈을 실현하는 데 굳이 다른 사람이 필요하지 않다는 사실을 받아들이는 것은 굉장히 흥분되는 일이다. 물론 겁나는 일이라는 점은 인정한다. 뭔가 잘못되어도 누군가를 탓할 수 없다. 모두 당신에게 달려 있다. 짊어질 책임감이 엄청나다. 그러나 동시에 기쁘게 해주거나 만족시켜야 할 상대가 없어 편하다. 나 홀로 여행은 최고의 자유다. 당신이 가고 싶은 곳에 가고, 머물고 싶은 만큼 머물고, 먹고 싶은 것을 먹고, 원하는 것을 하고, 볼 수 있으며, 하기 싫으면 언제라도 그만둘 수 있다.

당신은 무엇이든 할 수 있고, 무엇이든 될 수 있다. 여행지에는 당신을 아는 사람이 아무도 없다. 그러니 당신이 원한다면 사람들에게 그 전과는 완전히 다른 모습을 보여줄 수도 있다.

또는 살짝 다른 버전의 당신이 되어볼 수도 있다. 더 자신감 넘치고, 더 즉흥적이고, 더 용감한 버전으로 말이다. 어떤 게 더 진짜처럼 느껴지고, 어떤 게 더 편할지 모르겠지만, 결국 그것들 모두 여러분의 모습이다.

여행 내내 혼자라는 사실이 걱정될 수도 있다. 실제로 동행할 사람이 있었으면 좋겠다고 생각하는 순간이 올 것이다. 인구가 수백만이나 되는 도시에 홀로 남겨진 것 같은, 거대한 군중 속에서 고립된 듯 이상한 기분이 들 수도 있다. 하지만 이런 기분이 드는 것이 정상이다. 나 홀로 여행하다 보면 당연히 경험하는 감정이다. 기억해야 할 것은, 이런 기분은 곧 사라진다는 사실이다. 주위를 둘러보면 현지인은 물론 다른 여행객까지, 만날 사람이 너무나도 많기 때문이다. 여러분과 똑같은 감정을 느끼고 있거나 동지를 만났다며 반가워할 나 홀로 여행객도 있을 것이다.

하지만 이런 사람들을 만나기 위해 딱히 애를 쓸 필요는 없다. 여행 중에는 자연스럽게 친구가 생긴다. 호스텔에 있다 보면 매일 숙소로 새로운 사람들이 들어온다. 공용 주방을 드나들다가 여행 친구를 만날 수도 있다. 소파에 느긋하게 누워 있는 사람이 그 대상일 수도 있다. 여행객만큼 우호적인 사람들도 없다. 그들도 대부분 함께 여행할 파트너를 찾고 있고, 경험을 나눌 누군가를 원하기 때문이다.

다시 말해 굳이 피하지만 않는다면 외로울 틈이 거의 없다.

...

군이 피하지만 않는다면
외로울 틈이 거의 없다.

당신에게 영향을 끼칠 사람은 길을 가다가도 어떻게든 만나게 되기 마련이다. 누군가가 당신의 일정을 바꿔놓을 수도 있고, 당신의 기분을 바꿔놓을 수도 있다. 당신 인생을 송두리째 바꿔놓을 사람을 만날 수도 있다. 무엇보다 마음에 드는 건 이거다. 이 사람들과 같이 보낼 시간, 이 사람들이 안내해주는 길 모두, 온전히 여러분의 결정에 달려 있다는 것이다. 그들과 다른 길을 가고 싶어졌다거나, 배우고 싶고 경험하고 싶은 걸 이미 다 했다거나 (같이 지내던 에드 시런의 열혈 팬이 기타를 너무 자주 연주한다거나) 하면, 언제라도 혼자만의 길을 갈 수 있다. 짐을 싸서 작별 인사를 하고 다음 장소, 다음 모험, 다음 새 친구를 향해 발길을 돌리면 그만이다.

새로운 친구를 만나기까지 오랜 시간이 걸릴 수도 있다. 하지만 뭐 어떤가. 혼자서도 잘 지낼 수 있는데. 당신은 무엇이든 할 수 있다.

나 홀로 여행객이
알아두어야 할 13가지 교훈

세상은 넓다. 때로는 무섭기도 하다. 의심스러운 택시 기사, 질 나쁜 음식, 더러운 호스텔, 수상한 골목이 가득하다. 그래서 혼자 첫발을 내디딜 때는 살짝 주눅이 들 수도 있다. 하지만 시간이 가고 여행지에 익숙해지면, 한순간에 사랑에 빠질 수도 있다. 다만 여행객이라면 자기 자신, 여행, 현실에 대해 알아두어야 할 것이 있다. 그 교훈은 다음과 같다.

**사흘 정도면 웬만한 것에
다 익숙해진다.**

첫날 캠핑을 가거나 호스텔에 머물거나 미심쩍은 길거리 음식을 먹을 때, 늘 같은 기분을 느낀다. '윽.' 마음대로 씻을 수 없고, 방에는 시끄러운 사람들이 있고, 이 음식을 먹으면 죽을 것 같다. 하지만 사흘 정도만 지나면 어떤 불편함이나 지저분함과 때도 익숙해진다. 그리고 그것이 나중엔 즐거움이 된다.

생각보다 덜 먹고 덜 자도 살 수 있다.

오늘 아침 먹을 곳을 찾지 못했는가? 걱정하지 마라. 술을 진탕 마시느라 밤을 새웠는데 아침 일찍 버스를 타러 가야 하나? 괜찮다. 이상한 기념품을 사느라 돈을 펑펑 써서 봉지 라면만 먹어야 하는가? 별일도 아니다. 당신은 살아남을 수 있다.

**당신이 생각하는 더러움은
진정한 더러움이 아니다.**

당신이 말도 안 되게 역겹다고 생각했던 일,

그러니까 곰팡이가 가득한 욕실에서 씻기, 꼬질꼬질한 호스텔 수건으로 몸 닦기, 4일 연속 같은 티셔츠 입기, 빨지 않은 양말을 몇 번이고 신기 같은 것들이 몇 달 동안 홀로 여행하다 보면 예삿일이 되어버린다.

쉽사리 도둑맞지 않는다.
처음 나 홀로 여행을 떠나는 사람들은 보안에 강박관념을 갖는 경향이 있다. 하지만 시간이 지나면 이 세상이 그렇게 나쁘지만은 않다는 걸 깨닫게 된다. 몇 가지 예방 조치만 하면 여행하는 동안 도둑맞지 않을 확률이 더 높다(그래도 혹시 모르니 잃어버리면 안 되는 것은 갖고 다니지 말자).

혼자 밥 먹는 것도 괜찮다.
식당에 들어가 혼자 왔다고 말하는 게 처음에는 어색할 수 있다. 의자에 앉은 후에도 불편해서 어떻게 해야 할지 모른다. 책을 읽을까, 음악을 들을까, 일기를 쓸까 고민한다. 하지만 시간이 좀 지나면 원하는 건 무엇이든 해도 된다는 사실을 깨닫게 된다. 그냥 앉아 있어도 되고 지나가는 사람들을 구경하면서 음식을 즐겨도 된다. 혼자 식사하는 건 별일 아니다.

비행기 여행은 편리하며 기차 여행은 로맨틱하나, 버스 여행은 엉망이다.
비행기는 원하는 곳에 빨리 데려다주지만 딱히 재미가 없다. 기차는 사람들을 만날 수 있고, 가끔 식당 칸에서 식사를 할 수도 있고, 창밖으로 세상을 구경할 수도 있다는 장점이 있다. 그렇지만 버스는… 흠, 당신이 가고 싶은 곳에 갈 수 있게는 해준다. 결국엔. 아마도.

생각보다 훨씬 많은 돈이 필요하다.
항공편, 교통비, 숙박, 음식, 음료, 기념품, 보험에 쓸 경비, 그 외 해외여행에 필요한 각종 요금을 쭉 나열해보자. 그것들을 모두 더해 총계를 낸 후, 두 배를 하면 된다.

처음 부르는 가격엔 절대 사지 마라.
가격표가 명확하게 붙어 있는 물건이 아니라면 이것이 진리다. 가격 흥정이 성격에 안 맞는 사람도 있겠지만, 바가지를 쓰고 싶지 않다면 익숙해져야만 한다.

인내는 미덕이다.
혼자 여행하다 보면 일이 어긋날 때가 있다. 그것도 많이 있다. 기차가 늦거나, 호텔에서 당신의 예약 건이 누락되거나, 어젯밤 먹은 길거리 음식 때문에 배 속이 꾸룩거릴 수도 있다. 하지만 뭐니 뭐니 해도 여행 중엔 다툼을 피해야 한다. 자꾸 싸우려 든다면 이내 이성을 잃어버리고 말 것이다.

모든 속옷은 양면이다.
절박한 시점에는 필사적인 조치가 필요하다. 여행을 해보면 이 말이 진리임을 깨닫게 될 것이다.

**언제나, 반드시, 통로 쪽 좌석이나
창가 좌석을 예약해야 한다.**

14시간 동안 좌석 양쪽에 앉은 두 명의 헐크와 좌석 팔걸이 전쟁을 벌이고 싶지 않다면, 항공권을 살 때는 반드시 창가 자리나 통로 쪽 자리를 예약하자.

**언젠가 어딘가에서 누군가에게
바가지를 쓸 수 있다.**

지나고 나서 흥분해봤자 소용없다. 그들은 프로다. 슬프지만 그들은 관광객들을 속여서 먹고산다. 특히 그들은 당신이 막 새로운 곳에 도착했을 때, 비행에 지쳐 피곤해할 때, 새로운 문화적 충격을 경험하고 있을 때를 노린다. 언젠가 여러분은 바가지를 쓰겠지만, 여러분이 처음도 아니고 마지막도 아닐 것이다.

**당신은 스스로 생각하는 것보다
훨씬 임기응변에 능하다.**

바로 이것이 모든 여행객이 깨달아야 할 가장 중요한 사실이다. 여러분은 지금까지 자신의 방향 감각이 꽝이라고 생각했을 수도 있고, 나 홀로 여행을 떠나면 언어 장벽 때문에 고생할 것이며 위기를 극복하지 못할 거라고 생각했을 수도 있다. 그러나 한번 벼랑 끝에 떨어졌다가 스스로 살아남는 경험을 하면 깨닫게 될 것이다. 당신은 당신이 생각하는 것보다 훨씬 더 잘하고 있다.

/ 1 장 /

여행 계획
짜기

좋은 사진기는
나 홀로 여행객에게
가장 좋은 친구다.

여권 만료일을 확인하는 것은
가장 먼저 점검할 사항이다.

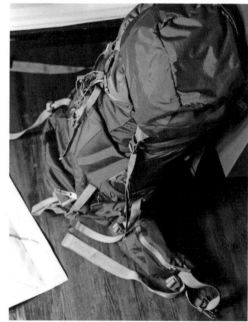

짐을 쌀 때는
필요할 법한 물건을 모두 꺼낸 후,
반으로 줄인다.

가끔은 계획이
실행만큼 재미있다.

코스타를 만난 건
나미비아였을까.

아니면 남아프리카공화국이었나. 확실치가 않다. 석 달 동안 트럭 투어를 하고 나면, 지금 자기가 어느 나라에 있는지 감을 잃게 마련이다. 길과 캠프장과 사람들 얼굴이 다 뒤섞인달까. 그럼에도 우연히 마주쳤던 사람이 계속 기억나기도 한다.

그는 아프리카 여행 중 마주친 수백 명과 마찬가지로 우연히 만난 사람이었다. 여행을 하다 보면 매일 새로운 사람을 만나게 된다. 수다를 떨고 몇 시간 동안 상대를 알아가다가, 금방 추억 속에 그들을 남겨두고 작별 인사를 하는 일이 반복된다. 이제는 그를 처음 만난 것이 먼지가 많이 나는 캠프장이었고, 텐트 치는 공터에서 좀 떨어진 곳에 수상한 작은 바가 있었다는 사실 말고는 기억나지 않는다. 어쨌든 어딘가의 중심부에 있는 경유지였다.

나는 단단한 땅에 말뚝을 박으며 텐트 치기를 마무리하고 있었다. 그리고 해가 지는 걸 보며 시원한 빈트후크 맥주를 마셔야겠다고 생각했다. 바로 그때 코스타를 만났다. 그는 다른 트럭을 타는 일행과 함께

혼자 여행하다 보면
셀 수 없이 많은 만남을 가지며
그중 어떤 만남은 당신의 계획을,
당신의 인생을 바꿔놓을 수 있다.

있었는데, 그 역시 나와 같은 생각을 한 모양이었다. 그래서 두 여행객은 아프리카 캠프장의 하찮은 바에서 대화를 나누었다. 우리는 둘 다 호주인이고, 휴가 중이었다. 우리는 일상으로 돌아가면 어떻게 먹고살 건지 일상적인 이야기를 나누었다.

나는 지금 인생의 위기를 느끼고, 심각한 직장 생활을 피해 안식년을 보내고 있는 기자라고 말했다. 그는 톱덱Topdeck이라는 여행사의 버스 기사로 주로 유럽에서 일하며, 비수기에 다른 사람이 운전하는 차를 타고 여행 중이라고 했다.

"아프리카 여행을 끝내면 뭐 할 거야?" 코스타가 물었다.

"모르겠어. 런던으로 가서 직장을 구하겠지. 아니면 에든버러로 갈 수도 있고. 아니면… 다른 데라도."

"톱덱에서 일해보는 건 어때? 같이 버스 타고 여행하면서 요리해주는 일을 하면 되잖아. 그건 쉽지."

"정말?" 나는 슬쩍 웃고는 빈트후크 맥주를 마셨다. 그리고 지금 호주 축구 결승전에 어느 팀이 올라갔는지 이야기했다.

그런데 코스타가 한 말이 자꾸만 귓가에 맴돌았다. 우리는 다음 날 아침 각기 다른 곳으로 떠났지만, 이후 몇 주 동안, 여행이 끝날 무렵까지 그의 제안이 머릿속을 떠나지 않았다. 버스를 타고 유럽을 돌아다니며 여름을 보내는 것이 점점 더 매력적으로 다가왔다. 결국 나는 코스타가 준 주소로 이메일을 보냈다.

결과는? 코스타 말대로 됐다. 나는 요리사가 되었다. 쉽게. 몇 달 후 나는 견습생 자격으로 프랑스에서 버스를 타게 되었고, 몇 주 후에는 첫 여행을 떠났다. 아무 계획도 생각도 없는 나 같은 사람에게는 꿈만 같은 일이었다. 그 이후 6개월 넘는 기간 동안 요리사라는 직업 덕분에 나는 그리스에서 배를 타고, 크로아티아에서 모터 요트를 타고 여행하게 되었다. 팜플로나에서 황소들과 달리기도 하고 뮌헨에서 현지인들과 술도 마셨다. 에펠탑 그늘 아래서 여덟 번이나 진수성찬을 대접했고, 암스테르담 운하에서 일곱 번이나 뱃놀이를 하며 먹고 마셨다. 이게 다 우연한 만남 덕분이었다.

이런 게 바로 혼자 여행할 때만 얻을 수 있는 기회다. 그냥 집에 있을 때와는 비교도 안 되게 많은 사람을 만날 수 있기 때문이다. 혼자 여행하다 보면 셀 수 없이 많은 만남을 가질 수 있고, 그 만남이 당신의 계획을, 혹은 인생을 바꿔놓을 수 있다. 내 경우엔 이 여행이 딱 그랬다.

나미비아였는지, 남아프리카공화국이었는지는 중요하지 않다. 어쨌든 그곳에서 이루어진 만남이 나비효과가 되어주었는지, 그 이후로도 매우 놀라운 일이 생겨났다. 내가 살게 된 곳, 하게 된 일, 사랑하게 된 사람, 보게 된 것들이 모두 코스타를 만난 그 오후에서 시작되었다. 물론 아무런 도움도 안 되는 사람도 수천 명쯤 만나긴 했지만. 모든 걸 바꿔놓을 행운을 만나는 건 한순간이다. 이런 행운을 얻는 비결은 언제라도 예기치 못한 호의를 받아들일 수 있게 마음을 활짝 여는 것이다. 또 새롭고 놀라운 일을 놓치지 않고 알아차릴 수 있는 능력과 새로운 것을 받아들일 마음의 여유도 필요하다.

그다음엔 만사 제쳐두고 떠나는 거다.

혼자 여행할 때는
늘 일기를 쓸 시간이
생긴다.

결심이 섰다면
이렇게 하면 된다.

지금 당신은 나 홀로 여행을 하기로 결심했다. 도와줄 사람 하나 없이 혼자 세상 밖으로 나가 경험하기로 한 것이다. 그렇다면 이렇게 말해주겠다. 브라보. 절대 후회하지 않을 것이다. 이제 계획을 짤 때다. 자신감이나 영감 등은 잠시 제쳐두고, 현실적인 문제에 집중할 시간이다. 이 짐을 함께 나눌 사람은 없다. 힘든 일을 대신 해줄 사람도 없다. 모두 여러분이 직접 해야 한다.

나 홀로 여행 계획의 첫 단추는 여행 일정표를 대충 짜보는 것이다. 대신 앞에서 이야기했듯 여행하면서 필연적으로 다가올 우연한 기회를 잡을 수 있도록, 조금 유연하게 계획을 짜는 것이 좋다. 항공권이나 숙박 시설을 예약할 때도 그렇다. 물론 목적지에 도착하고 나서 적어도 처음 하루나 이틀은 계획대로 움직이는 것도 좋은 생각이다. 하지만 나 홀로 여행에 성공하는 비결은 실질적인 의미로든 추상적이고 정신적인 의미로든 융통성을 발휘하는 것이다. 뭔가 흥미로운 일이 생길 것 같으면 다른 건 다 포기하고 그냥 마음 가는 대로 할 수 있게 말이다.

물론 일단은 어디에 갈지 정할 필요가 있다. 여러분의 선택을 돕기 위해, 이 책의 절반은 내가 가장 마음에 들었던 여행과 여행지를 소개하는 데 할애했다. 일단 목적지를 정했는가? 그렇다면 이 위대한 모험을 시작하기 전에 안락한 집에서 미리 준비해야 할 것들이 무엇인지 살펴보자.

여행 일정표 짜기

여기서는 적당히 균형을 맞출 필요가 있다. 계획을 짜되 너무 자세하게 짜지는 말고, 예약을 하되 확정 짓지는 말자. 누구나 스스로 정한 지출 한계점이 있으므로 항공권만큼은 예약을 한다. 항공권은 보통 휴가비 중 가장 큰 비용을 차지하고, 시간이 갈수록 점점 더 비싸지기 때문이다. 그러니 목적지를 정하고, 날짜를 정한 다음, 비싼 국제 항공권은 미리 구매해놓는다.

그다음으로 생각할 것은 숙박이다. 앞에서도 말했듯 나는 새로운 도시에 가게 되면 적어도 하루나 이틀 정도는 숙박을 예약하는 편이다. 그래야 묵을 곳을 찾아 짐을 끌고 시내를 돌아다니는 수고를 피할 수 있고, 리뷰나 가이드북의 도움을 받아서 결정을 내릴 수 있다. 각 도시를 조사하고, 가장

묵고 싶은 지역을 고르고, 적당한 곳에서 몇 박을 예약하는 것은 별로 힘든 일이 아니다. 일단 거기로 가면 편하게 주변을 탐방할 수 있고, 원한다면 근거지를 옮길 수도 있다. 마음에 들지 않거나 다른 선택권이 생겼다면 그 도시를 아예 떠나도 상관없다.

도시 간 이동 수단이나 개인적인 체험과 관련된 예약은 일단 그 지역에 도착해야만 할 수 있는 경우가 많기 때문에 기다려야 한다. 하지만 어떤 선택지가 인기 있는지, 얼마 전에 예약해야 하는지 등을 체크해놓을 필요는 있다.

특히 유럽에서는, 예를 들어 바르셀로나에 있는 가우디 성당인 라 사그라다 파밀리아는 온라인으로 예약해놓으면 훨씬 싸고 편리하게 둘러볼 수 있다.

나 홀로 여행은 외로울 것 같지만
사실 금방 친구를 사귈 수 있다.

...
뭔가 흥미로운 일이
생길 것 같으면
그냥 마음 가는 대로
할 수 있게 말이다.

여행 스타일 정하기

나 홀로 여행을 한다고 해서 꼭 혼자만 있으란 법은 없다. 나 홀로 여행에 익숙해지는 최고의 방법은 단체 투어에 참가해 잠시나마 여행 동료를 만나는 것이다. 또 까다로운 지역을 지날 때는 도움을 줄 가이드를 쓸 수도 있다. 이 방법은 여행 전 조사를 할 시간이 없거나 미리 찾아보고 계획하는 게 적성에 맞지 않는 사람에게 적합하며, 여행에 대한 자신감도 생긴다. 단체 투어를 하면 힘들고 복잡한 일은 누군가가 미리 처리해놓는다. 여러분은 그냥 가서 즐기면 된다.

적당한 단체 투어를 고르는 비결은 여러분의 성격, 예산, 여행 목적에 맞는 투어와 회사를 고르는 것이다. 컨티키 Contiki 와 톱덱 같은 회사는 젊은 여행객들을 겨냥해서 전 세계에 걸쳐 투어 상품을 만들어 운영하고 있다. 요즘엔 무작정 술 마시고 노는 게 아닌 문화 체험을 하는 상품도 마련되어 있다. 한편 인트레피드 Intrepid 와 G 어드벤처스 G Adventures 같은 곳은 훨씬 깊이 있는 체험

을 제공한다. 한 그룹당 인원수도 적기 때문에 개인적인 경험을 더 많이 할 수 있다. 가고 싶은 목적지가 어디인지에 따라서, 한 곳을 집중적으로 돌아보는 특화된 관광 회사도 많다.

단체 투어는 안전망이다. 당신이 만약 그런 안전망 없이 여행하기로 했다면 그렇게 해도 상관없다. 하지만 목적지를 골랐다면 하루나 한나절 정도 시간을 투자하는 규모 작은 투어에 관심을 가져보는 것도 괜찮다. 그 장소를 더 잘 파악하는 법을 배울 수 있고 동료 여행객들도 만날 수 있기 때문이다. 어번 어드벤처스 Urban Adventures 는 전 세계에 좋은 관광 상품을 많이 보유하고 있다.

숙소 정하기

요즘 나 홀로 여행객은 숙소에 관해서는 어느 때보다 많은 선택권을 가지고 있다. 특히 예산이 빠듯한 경우도 문제없다. 가장 확실한 선택지는 호스텔이다. 호스텔은 혼자 여행하는 사람들을 위해 온갖 편의를 제공하기 때문이다. 기숙사처럼 생긴 공용 룸은 가장 싼 가격에 이용할 수 있다. 호스텔은 동료 여행객을 만날 기회를 마련해주는 사회적 공간이기도 하다. 그리고 좋은 호스텔은 대부분 여행 계획을 짜거나 예약을 도와줄 여행 안내 데스크도 운영한다. 혹시 사생활을 좀 더 보장받고 싶거나 여윳돈이 조금 더 있다면, 많은 호스텔에서 준비해두고 있는 개인 룸을 이용하면 된다. 개인 룸에는 욕실이 딸려 있고 공용 주방이나 다른 공용 시설

을 함께 사용할 수 있다.

또 다른 선택지도 있다. 에어비앤비 Airbnb 나 그 경쟁 회사들은 현지인의 주택이나 아파트에서 묵을 기회를 제공한다. 그 지역에 단지 머물기만 하는 게 아니라 잠시나마 현지인의 일상생활을 경험해볼 수 있다는 뜻이다. 이런 경험을 좀 더 저렴하게 하고 싶다면 카우치서핑 Couchsurfing 이라는 웹사이트에 가입하자. 그러면 전 세계의 빈방이나 소파를 무료로 쓸 수 있다. 카우치서핑 서비스를 제공하는 호스트 중에는 종종 여행을 좋아하는 사람들이 있는데, 이들은 새로운 사람을 만나는 걸 즐기며 자신이 해외에서 공짜로 묵는 호의를 경험하고 자신 역시 호의를 베풀고자 한다.

예약하기

여행을 떠나기 전에 항공권, 단체 투어, 숙소 등을 예약하는 것은 여행사의 도움 없이도 손쉽게 할 수 있다. 수많은 포털사이트를 이용하면 편리하게 예약할 수 있다. 가장 싼 가격, 여행하기 좋은 시기 등을 알려주기도 한다. 여행 준비를 도와줄 웹사이트 목록(381쪽)을 정리해놓았니 참고하자.

배낭과 사진기는
여행객에게는
모든 것이나 마찬가지다.

물론…

대망의 나 홀로 여행을 떠나기 위해 해외로 나가기 전, 아직도 할 일이
더 남아 있다. 일단 여행을 결심하고 예약했다면, 남은 문제는 그저 사
소한 것들이다. 하지만 이 사소한 것들이 꽤 중요하다. 여기에 당신이
생각지도 못했던 자잘한 사항과 결코 겪고 싶지 않을 큰 문제를 정리해
보았다. 꼭 확인해보자.

장기 여행을 예약하기 좋은 시점은? 바로 지금이다.

목록 짜기

목록은 당신의 친구다. 비행기에 오르기 전 신경 써야 할 모든 것을 빠짐없이 목록으로 적어야 한다. 그래야 여행 중 어느 때라도 고향에 두고 온 걱정거리 때문에 고민할 일이 없어진다. 언제라도 새로운 게 생각나면 목록에 추가하라. 이미 끝내놓은 일을 적은 다음에 줄을 그어서 지워버려도 좋다. 이렇게 정리하면 기분이 좋아진다.

정보 입수하기

당신이 여행할 곳이 위험한 곳일 수도 아닐 수도 있다. 하지만 확실히 알 수 있는 유일한 방법은 도착하자마자 무슨 일이 일어날지 알아두는 것이다. 정부가 운영하는 여행 안내 사이트를 확인해두자. 예를 들어 호주의 경우에는 smartraveller.gov.au다. 인터넷 여행 게시판이나 리뷰 웹사이트를 방문해 정부의 경고에 구애받지 않는 동료 여행객들의 조언을 얻는 것도 중요하다.

건강 다지기

낯선 곳에서 병원을 방문하느라 여행이 길어지는 일은 그 누구도 원하지 않을 것이다. 여행을 떠나기 전에는 지역 보건의를 찾아가는 것은 물론, 신체를 단련하고 체력을 증진시키기 위해 운동을 할 필요가 있다. 스키를 탈 계획인가? 계단 오르기를 하자. 하이킹을 할 예정인가? 밖에 나가 걸어 다니자. 혹시 흡연을 한다면 지금만큼 금연하기 좋은 때는 없을 것이다.

예방접종하기

지역 보건의를 방문한 후에는 전문의를 찾아 방문할 지역에 맞게 예방접종을 해야 한다. 콜레라 같은 병으로 휴가를 망치고 싶지 않다면 말이다.

목적지에 따른 짐 싸기

온갖 물건을 무턱대고 담지 말자. 값비싼 여행용 의류를 구입해야 할 것 같은 조바심도 버리자. 목적지에 잘 어울리는 편안한 복장만 챙겨라. 중동으로 갈 예정인가? 온몸을 가릴 수 있는 가벼운 옷을 챙겨라. 동남아시아에 갈 텐가? 터틀넥은 두고 가자. 북유럽에 갈 거라면 껴입을 옷을 많이 챙겨 가는 게 좋다. 그리고 혹시 중요한 것을 챙기지 못했다 해도 어디서든 살 수 있다는 걸 기억하자. 외국에도 가게는 많다.

너무 많이 담지 마라

가진 물건을 다 챙겨 가고 싶을 수 있다. 하지만 그 많은 걸 끌고 다니기를 원치는 않을 것이다. 속옷은 최대 10일 치면 충분하다. 셔츠 같은 상의도 10일 치 정도 준비한다. 다 입었으면 빨래를 하면 된다. 여행 후반부에 두꺼운 재킷이 필요한 지역에 가게 된다면, 거기 도착해서 사는 것도 방법이다. 그러면 몇 달 뒤에나 필요할 만한 부피 큰 물건을 힘들게 들고 다니지 않아도 되니까 말이다.

홈스테이로 여행에 활력을

몇 달이 넘는 장기간 여행 중이라면, 늘 호스텔만 묵는 게 지루할 수 있다. 오랜 여행 중에는 가끔 쉬어 가는 구간도 필요하다. 특정 도시나 목적지가 정말로 마음에 들었다면? 에어비앤비 등의 도움을 받아 그곳에 있는 아파트를 일주일 정도 예약하는 거다. 집에 있는 것처럼 편하게 휴식을 취할 수도 있고, 직접 음식도 해 먹고 지저분한 빨랫거리를 해결할 수도 있다.

성가신 것들 정리하기

여행을 떠나기 전, 특히 장기 여행의 경우에는 신경 써야 할 자잘하고 귀찮은 일이 참으로 많다. 혹시 지내던 집을 비우게 되었다면, 가구를 팔아야 할 수도 있고 보관할 곳을 마련해야 할 수도 있다. 다행히 우편물을 대신 받아줄 사람이 있다면 우편물 받는 주소를 그 사람 주소로 바꿔놓아야 한다. 제때 내야 할 고지서가 있다면 지불 방법도 미리 알아두어야 한다. 가장 좋은 방법은 고지서를 이메일로 받을 수 있게 해두고 여행 중에 내는 것이다. 하지만 더 좋은 방법은 할 수만 있다면 고지서를 받을 일이 없도록 미리 취소해놓는 것이다.

지루한 일도 해야 한다

재미는 없지만 여행을 떠나기 전에는 이런 사소한 것도 신경 써야만 한다. 우선 여권과 여행 관련 서류를 사진기로 찍거나 스캔해 가족이나 친구에게 보내놓는다. 해외에서 돈을 쓸 수 있도록 은행 계좌도 정리한다. 여행용 카드 계정은 물론이고, 강도를 만날 것을 대비해 비상금 계좌도 마련해놓아야 한다. 계획 중인 여행 일정을 가족이나 친구에게 대충이라도 알려주어야 한다. 당신이 지금 어디에 있는지 정도는 대충 알 수 있게 해야 한다는 뜻이다. 그리고 마지막으로 여행자 보험에 가입한다. 보험 없이 집을 나서는 건 미친 짓이다.

/ 2 장 /

안전하게
지내는 법

이탈리아 시실리,
포르차 다그로로 향하는
구불구불한 길.

활기 넘치는 홍콩의 거리.

맑고 푸른 몰디브의 바다.

비행기가
다카에 착륙하자마자
대혼란이 일어났다.

비행기 바퀴가 땅에 닿자마자 사람들은 우르르 일어나서 좌석 위 짐칸에서 가방을 끄집어냈다. 다른 승객들 머리 위로 물건이 떨어지고, 비행기 안은 어느새 난장판이 되었다. 승무원들이 자리에 앉으라고 해봤자 소용없었다. 승무원이 말리는 와중에도 상자나 비닐 백이 통로로 마구 떨어졌다.

나중에 알고 보니, 시작할 때부터 방글라데시를 아주 제대로 경험한 것이었다.

난 곧바로 택시를 잡아탔다. 치타공이라는 남부 도시로 향하기 위해 공항에서 버스 터미널로 이동해야 했다. 방글라데시와 인접한 인도에는 가본 적이 있었으므로 아마 비슷할 거라고 생각했다. 그래서 목적지까지 가는 게 만만치 않을 것 같았다. 딱히 이유도 없이 그런 기분이 들었다.

교통 상황이 엉망이었다. 사람들, 자전거, 수레, 릭샤, 택시, 버스, 트럭이 모두 뒤엉켜 엉망이 되어 있었다. 새 차에는 깨끗한 도장을 보호하기 위해 범퍼 대신 커다란 강철 바를 두르고 있었다. 그 강철 바가 오히려 말끔한 도장을 해치고 있는 것 같았지만 말이다.

날이 더웠다. 택시 좌석에 앉아 있는데 셔츠가 등에 들러붙었다. 자동차, 릭샤, 오토바이가 사방팔방으로 슉슉 지나가는 모습을 앞 유리로 내다보고 있자니 겁도 나고 정신도 없었다. 경적은 빵빵거리고 사람들은 소리를 질렀다. 열린 창틈으로 이상한 냄새도 타고 들어왔다.

한 나라에 잠깐 있었을 뿐인데 이렇게 영원히 잊지 못할 기억이 새겨져 있다니, 정말 놀라운 일이다. 어떤 여행지는 몇 주나 머물렀는데도 좀처럼 기억나지 않기도 한다. 하지만 방글라데시는? 방글라데시의 사소한 면모가 총천연색으로 기억에 남아 있다. 정말 화끈한 곳이었다. 이전에는 한번도 본 적도 경험한 적도 없는 듯 모든 것들이 충격으로 다가왔다. 완전히 새로웠고, 완전히 달랐고, 완전히 흥분됐다. 조금 겁이 나기도 했다.

수도에 있는 가장 큰 버스 터미널은 사실 조그만 창고 같은 건물에 불과했다. 에어컨이 달려 있기는 했지만, 밀도 높은 더위에는 소용이 없었다. 표를 사서 버스에 타고 있는데, 당황스럽게도 한 남자가 통로를 걸어가면서 1980년 이후 단종된 것처럼 생긴 낡은 가정용 캠코더로 승객들의 얼굴을 찍어댔다.

곧 우리 버스는 혼잡한 도로에 나왔고, 방글라데시 남부를 향해 평생 경험해본 것 중 가장 무서운 길을 떠났다. 가는 내내 쉴 새 없이, 상상할 수 있는 모든 종류의 탈것이 등장했으며 계속 위기일발의 순간이 펼쳐졌다. 나는 헤드폰을 끼고 눈을 감았다. 그리고 지금 바그다드에 있다고 상상했다. 모르겠다. 그냥 여기 말고 다른 데라고 생각했다.

그렇지만 아무 소용 없었다. 자꾸만 창밖의 혼란스러운 풍경을 내다보게 됐다. 그러다 우리 버스랑 고작 몇 센티미터 간격을 두고 다른 버스가 지나가는 걸 보았다. 지나가는 사람들과 가축들에게 길을 비켜주느라 버스가 길 가장자리에 바짝 붙어 서면 또 걱정이 돼서 밖을 내다보지 않을 수 없었다. 이런 식으로 몇 시간을 갔다. 몇 시간을.

마침내 치타공에 도착했을 때는 칠흑같이 어두운 밤이었다. 부산한 도로의 특색 없는 교차로에 내렸다. 거기서 친구를 만나기로 했는데, 그가 보이지 않았다. 잘못 왔구나, 생각했다. 아니면 친구가 오는 걸 까먹었던지.

전쟁이었다. 나는 한번도 와보지 않은 도시에 있었고, 말도 통하지 않았다. 내가 갖고 있는 건 주소를 적은 쪽지뿐이었다. 호텔에 들어가 묵을 수도 없었다. 그 주변엔 호텔이 하나도 없었기 때문이다. 노점상과 집, 릭샤, 그리고 대혼란만 있을 뿐이었다.

마침내 나는 영어를 할 줄 아는 사람을 만났다. 그는 영어로 적힌 주소를 번역하더니 릭샤를 잡은 뒤 운전사에게 내가 가야 할 곳을 말해주었다. 난 배낭을 꼭 쥐고 좌석에 올라탔다. 그렇게 아주 느린 속도로 인구 4백만의 도시 반대편으로 이동했다. 그동안 나는 무사히 도착하게 해달라고 기도했다. 나중에 알고 보니 가는 길에 신호등은 딱 하나뿐이었다고 했다. 그리고 그마저 작동되지 않는다고 했다.

이곳에서 4일을 더 머무는 동안 상황은 점점 더 흥미로워졌다. 나는 몇 시간 고생한 끝에 친구 집을 찾았다. 친구는 자기 이야기도 해주고 자꾸 병에 걸리는 다른 외국인 이야기도 해주었는데, 그 병이 아마도 개방된 채 흐르는 하수도와 관계가 있을 거라고 말했다. 나는 반바지와 플립플롭 차림 때문에 웃음거리가 되었다(이 나라에서는 아이들만 반바지를 입으며, 발가락 사이에 끈을 끼워 신는 고무 슬리퍼는 릭샤 운전사만 신는다고 했다). 나는 즉흥적으로 크리켓 시합을 해보기도 했다. 그러나 10대 아이들이 얌전한 현지인 옷을 입은 서양 여자인 내 친구를 둘러싸고 점점 더 험악하게 위협하는 바람에 급히 도망쳐야만 했다. 방글라데시 독립을 이끈 지아 장군을 위해 지은 박물관에도 갔다. 박물관은 장군이 예전에 살던 집에 마련되어 있었는데, 살해당한 장군의 피가 아직도 여기저기 흔적을 남기고 있었다. 그리고 친구 덕분에 버스에서 찍어대던 괴상한 비디오의 정체도 알게 되었다. 친구 말에 따르면 이곳에선 사고가 워낙 자주 일어나기 때문에 시신을 더 쉽게 확인하기 위해 영상을 이용한다고 했다.

다카로 돌아갈 때는 끔찍한 버스 대신 밤 기차를 이용했다. 그러나 그 기차는 심각한 고장이 나고 말았고, 결국 승객들은 버스로 옮겨 타 다카까지 이동했다. 그리고 마침내 공항에 무사히 도착했다. 그리고 이 어마어마한 나라에 작별을 고했다. 살아남았으니, 무사히 빠져나왔으니 그걸로 됐다.

브라질의 상파울루 같은 도시도
충분히 혼자 갈 수 있다.

완벽하게 안전한
여행을 하는 방법은 없다.

여러분도 그런 건 원치 않을 것이다. 원래 멋진 여행이란 예상치 못한 위험에 맞닥뜨리기도 하고, 미지의 장소로 뛰어들기도 해야 하는 것 아니겠는가. 내 경우엔 방글라데시로 갔던 바로 그 여행이 절대 잊지 못할 강렬한 기억으로 남았다. 지금껏 경험한 것 중 가장 경이로운 여행이자, 살아 있는 내내 추억하고 이야기할 만한 경험이었다. 확실히 위험한 상황을 많이 겪었기에 그럴 수도 있다. 방글라데시에 있는 동안 나는 줄곧 안전하다는 느낌을 받지 못했다(그도 그럴 것이 실제로 안전한 곳이 아니었다). 여행하다 보면 종종 주사위를 굴려야 할 상황이 온다. 무슨 일이 생기든 이겨내야 한다. 그리고 결국 그게 다 즐거움이 되게 마련이다.

위험 요소를 최소화할 수 있도록 충분히 조치할 수 있다. 갑자기 이 세상이 내 눈앞에 어떤 고난을 펼쳐놓더라도 곧바로 헤쳐나갈 수 있도록 만반의 준비를 해놓는 거다. 나 홀로 여행객은 일반적으로 2인 이상 여행객보다 안전에 좀 더 주의를 기울여야 한다. 혼자 있으면 범죄의 대상이 될 가능성이 더 크기 때문이다. 슬프지만 사실이다. 사기꾼이나 소매치기는 도와줄 동료가 없는 나 홀로 여행객을 목표로 삼기 쉽다. 그러니 여러분은 더 철저히 예방해야 한다.

안타깝게도 여성 여행객은 더욱 조심해야 한다. 세상이 완벽하다면 여성도 남성만큼 자유롭게 홀로 여행을 할 수 있겠지만, 슬프게도 실제로는 그렇지 못하다. 혼자 여행하는 여성들은 남자보다 안전에 더욱 신경 써야 하는 게 사실이다. 그렇다고 여행을 가서는 안 된다거나, 겁을 먹으라는 뜻은 아니다. 그저 여행 중 어디에 갈지, 누구를 믿어야 할지 조금 더 주의를 기울여야 한다는 뜻이다.

아래 목록에 정리한 내용 중 대부분은 모든 여행객에게 적용되는 것이지만, 혼자 이 세상에 뛰어들어 세상을 구경하기로 결심한 여성이라면 특히 더 가슴에 새겨두기 바란다. 키어스턴 리치theblondeabroad.com나 대니 하인리크globetrottergirls.com, 리즈 칼슨youngadventuress.com처럼 나 홀로 여행을 떠난 여성들의 멋진 블로그를 읽으며 팁을 얻을 수도 있다.

그럼에도 모든 여행객은 이 짧은 경고를 기억해야 한다. 겁내지 마라. 이 세상은 대체로 안전하며 따뜻하다. 몇 가지 예방만 해놓는다면 모든 게 잘 풀릴 가능성이 매우 높다.

대중교통은 이동하기에 가장 좋은 방법이다.

영국 런던을 밝히는 불빛.

여권을 스캔해서 본인
이메일로 보내놓기

출발하기 전에 사진이 있는 여권 페이지뿐만 아니라 운전면허증, 다른 중요한 문서를 스캔한 뒤 자기 자신과 친한 친구 또는 친척에게 이메일로 보내놓는다. 이 중 하나를 분실하더라도 세부 정보가 담긴 파일을 늘 가지고 다닌다면 훨씬 편리할 것이다.

어디에 가는지 알리고
정기적으로 연락하기

나 홀로 여행객에게 매우 유용한 요령이다. 집에 있는 누군가에게 당신의 계획을 미리 말해주는 거다. 떠나기 전에 일정표를 공유하고 어디로 갈지, 언제 갈지 알리고, 변동 사항이 생기면 계속 상황을 알려주어야 한다. 또 정기적으로 연락해 당신이 안전하게 지내고 있다는 걸 알려주자.

되도록 새로운 목적지에는 낮에 도착하기

가끔 선택의 여지가 없을 경우도 있겠지만, 한밤중에 새로운 도시나 나라에 도착하는 것은 좋지 않다. 캄캄한 밤에는 방향을 잡기가 쉽지 않기 때문이다. 새로운 장소에는 체크인하기에 딱 좋은 오후쯤 도착하도록 이동 시간을 맞추는 게 좋다.

낡은 옷 입기

대부분의 나 홀로 여행객들은 화려하고 눈에 띄는 장신구를 걸치지 말아야 한다는 걸 본능적으로 알고 있다. 하지만 옷의 경우는 어떤가?

사람들은 보통 여행 중 멋져 보이기를 바라는 경향이 있다. 하지만 새로 산 값비싼 옷을 입으면 사람들의 관심만 끌 뿐이다. 그러니 칙칙한 색깔의 낡은 옷을 입자. 특히 여행용 옷, 브랜드 있는 하이킹 의류 같은 것은 입지 말자. 딱 봐도 관광객 티가 나기 때문이다. 대신 고향에서 매일 입던 편한 옷을 준비하는 게 더 좋다. 사진기나 노트북처럼 비싼 물품을 가지고 다니려 한다면, 값진 물건이 들어 있다는 느낌이 들지 않는 낡은 가방을 이용하자.

돈은 앞쪽에 보관하고
소액만 가지고 다니기

어디를 가든 범죄 피해자가 될 가능성은 낮다. 하지만 현금을 잘 간수할 필요는 있다. 딱 그날 하루 동안 쓸 돈만 가지고 다녀라. 그리고 돈은 언제나 바지 뒷주머니보다 앞주머니에 넣는다. 또 잔돈은 지폐와는 구분해 보관하는 게 좋다. 그래야 자잘한 물건을 살 때 사람들이 보는 앞에서 지폐 뭉치를 꺼내지 않아도 된다.

지도를 오랫동안 보지 않기

요즘은 스마트폰에 다양한 지도 앱이 깔려 있기 때문에, 종이 지도를 가지고 다닐 필요도 없고 공공장소에서 지도를 보느라 멈춰서서 관광객 티를 낼 일도 없다. 그냥 스마트폰만 확인하면 된다. 그러나 만약 값비싼 전자 기기를 내보이고 싶지 않다면 카페에 앉아 차를 마시다가 지도나 가이드북을 꺼내 읽으면 된다.

허리 지갑 사용하지 않기

이것이 안전한 여행을 위한 나의 철칙이다. 관광객들은 현금이나 중요한 서류를 나름 '숨기겠다고' 좁고 작은 가방을 메는데, 허리 밴드 밑에 툭 튀어나온 허리 지갑은 경험 많은 소매치기에게는 너무나 손쉬운 범행 대상이 된다. 허리 지갑을 찼다는 것은 뭔가 훔칠 만한 걸 가지고 있다는 뜻이기도 하다. 그냥 중요한 것은 숙소에 두고 다니는 편이 낫다.

본능을 믿어라

홀로 여행하다 보면 사기꾼이나 호객꾼, 거짓말쟁이, 범죄를 꾸밀 의도가 있는 사람들을 많이 만나게 된다. 하지만 이런 사람들은 극히 일부다. 순수하게 호의를 베푸는 관대한 현지인과 여행객을 훨씬 더 많이 만나게 될 것이다. 상대가 좋은 사람인지 나쁜 사람인지 구분하는 방법은 경험에서 나온다. 그 지역에서 유행하는 범죄나 전형적인 속임수를 미리 알아두는 것도 좋다. 하지만 여러분의 본능에 귀를 기울이는 것도 효과가 있다. 뭔가 상황이 찜찜하게 느껴진다면, 또는 같이 있는 사람이나 지금 있는 공간에 반감이 든다면, 그냥 거기서 빠져나오자. 안전한 곳으로 이동하는 편이 훨씬 낫다.

눈을 마주치지 않는다

이런 내용을 써야 한다는 게 마음이 아프다. 나는 여행하는 동안 최대한 많은 현지인과 상호작용하고, 최대한 마음을 열고 관심을 가져야 한다고 생각하기 때문이다. 그러나 많은 사람의 시선을 받는 곳, 또는 안전한지 위험한지 끊임없이 판단을 내려야 하는 곳에 있을 때는, 괜히 눈을 마주쳐서 사람들의 시선을 끌지 말고 그냥 고개를 숙이고 있는 편이 훨씬 더 편하다.

전형적인 사기 방식 알아두기

대부분의 도시에는 관광객들이 쉽사리 속아 넘어가는 전형적인 사기 방식이 있을 것이다. "영어 연습을 해보고 싶어서요", "우리 사촌이 하는 보석 가게 가볼래요?", "제가 미술 전공 학생인데요…" 등등. 이를 조심하기 위해서는 호스텔에 있는 사람들에게 물어보자.

과음하지 않기

술에 취하면 자제력을 잃는다. 또 어이없는 최악의 결정을 내리기도 한다. 혼자 여행 중이라면 몇 잔 정도는 괜찮지만 감당할 수 없을 정도로 많이 마시지 않도록 조심하자.

밤에 외출할 때는
여러 명이 함께 나가기

몇몇 도시는 매우 안전하기 때문에 밤에 혼자 나가도 상관없다. 그러면 밤에도 여행을 즐길 수 있으니 더할 나위 없다. 그래도 호스텔 직원에게 밤에 나가도 괜찮은지 물어볼 필요는 있다. 만약 위험한 곳이라면 같이 방을 쓰는 사람 중 마음 맞는 사람들을 모아서 같이 외출하자. 이도 안 되면, 혼자 밤에 나가는 게 안전하지 않은 도시의 경우 많은 호스텔에서 외출 팀을 꾸려주므로 그 기회를 이용하면 된다.

택시를 부르거나 우버를 사용할 때는
다른 사람에게 부탁하기

술집이나 레스토랑, 호텔 등에서 밤늦게 떠나야 한다면? 길거리에서 손을 흔들어 아무 택시나 잡기보다는, 바나 레스토랑, 호텔 직원에게 부탁해서 택시를 불러달라고 한다. 이렇게 하면 택시 이용 기록이 남고, 믿을 수 있고 합법적인 운전사를 만날 수 있다. 혹시 방문한 도시에서 우버를 이용할 수 있다면, 우버가 현지 택시보다 더 안전하고 믿을 만할 수도 있다.

보험 들기

굉장히 중요한 일이다. 여행자 보험에 들지 않고는 집을 나서지도 마라. 사람은 위험을 경계할 수는 있어도 갑작스러운 불운을 막을 수는 없다. 하지만 보험에 들었다면 사고에 대해 보장해줄 것이며, 심각한 곤경에서 빠져나올 수 있게 도와줄 것이다.

/ 3 장 /

혼자서
잘해내려면

이탈리아 피렌체,
짐은 여행의 딜레마다.

칠레 아타카마 사막,
자신만의 길을 가는 중.

말레이시아 조지타운의
매력적인 거리.

안전보다
더 걱정스러운 것이 있다.

지금 당장 여러분은 나 홀로 여행 중 생길 수 있는 온갖 나쁜 일을 상상하고 있을 것이다. 강도나 사기꾼을 만난다거나 다른 곤란한 상황이 생길까 봐 걱정하고 있을 거다. 하지만 실제로 그런 일을 겪을 가능성은 매우 낮다. 여행 중 맞닥뜨리게 될 문제는 훨씬 사소하고 이상한 일, 생각하는 데 약간 시간이 필요한, 논리적으로 어려운 문제다.

혼자 여행하는 중에는 그런 것들이 마냥 단순하지가 않다. 갑자기 음식점에 혼자 밥을 먹으러 가는 것도 어색할 수 있다. 해변에 수영하러 가는 것도 쉽지 않다. 공항이나 버스 터미널에서 화장실에 가는 것조차 극적인 사건이 될 수 있다.

그러나 다행스럽게도 이런 문제를 해결할 방법이 있다.

툭툭은 싸고,
진기한 경험이 된다.

나 홀로 여행은 스스로를
돌아볼 시간을 의미한다.

음식점에서 혼자 밥 먹기

처음에는 어색할 수 있다. 한동안 그럴 것이다. 혼자 음식점에서 식사를 하는 데는 딱히 비법이 없다. 그저 익숙해져야 한다. 편하게 식사하고 싶다면 좀 더 격식 없는 음식점, 카페, 술집을 고르는 것이 좋다. 드나드는 사람이 많고 분위기가 편안하고 느긋한 곳을 고른다. 값비싼 레스토랑에서 혼자 테이블 하나를 차지하고 있으면 훨씬 더 소외감을 느끼게 되니 말이다.

음식을 기다리는 동안에는 책을 읽어라. 요즘 많은 음식점에서 무료 와이파이를 제공하니, 그런 곳에서는 휴대폰이나 아이패드에 접속해 뉴스를 읽거나 SNS를 업데이트하면 된다. 꼭 해야 하는 건 아니지만 즐거운 기분으로 기분 전환하기에는 좋다. 그러다 보면 머지않아 혼자 편하게 식당에 앉아 상황을 즐기게 될 것이다.

술집에서 혼자 술 마시기

술집에서는 음식점과 반대로 하면 된다. 친구를 사귀기 전까지는 저렴한 술집보다 값비싼 술집에 간다. 시끌벅적한 펍에서 혼자 소외감을 느끼는 것보다는, 세련된 칵테일 바나 비밀스럽고 조용한 바에 앉아 바텐더와 대화를 나누고, 좋은 술을 시켜 몇 시간 동안 밤을 즐기는 편이 더 편하다. 타파스 바 같은 곳에서 식사와 술을 함께 해결하는 것도 편할 수 있다.

공용 객실에서 잘 자기

낯선 이 대여섯 명과 한방을 쓰는 것이 쉽지 않게 느껴질 수 있다. 호스텔에 있는 공용 객실을 이용하면 가장 저렴한 여행은 할 수 있지만, 가장 편한 여행은 할 수 없다. 짐은 어디에 보관할까? 잠을 푹 잘 수 있을까? 방에 있는 다른 사람들이 다 마음에 안 들면 어쩌지?

공용 객실은 생각만큼 나쁘지 않다. 대부분의 호스텔, 특히 이 책에서 추천한 곳들에는 배낭이나 귀중품을 맡길 수 있는 보안 보관소가 있다. 잠귀가 밝다면 귀마개와 안대를 챙기자. 다른 사람들과 어울리고 싶지 않을 수도 있지만, 여행객 중 대부분은 느긋하고 친근한 타입이라서 금세 친해진다.

짐 가지고 다니기

비법은 들고 다닐 수 있는 만큼만 짐을 싸는 것이다. 여행 중 필요한 물건은 생각보다 많지 않다. 그리고 집에서 들어봤을 때 감당하지 못할 무게라면, 낯선 도시에서는 백배 더 무섭게 느껴질 것이다. 그러니 필요할 듯한 옷, 부대 용품, 도구를 다 꺼낸 뒤, 딱 절반만 싸자. 여행이 훨씬 편해질 것이다. 또 다른 선택지는 바퀴 달린 가방을 사는 것이다. 도로나 지형이 거친 곳에서는 배낭이 훨씬 자유롭겠지만, 큰 도시만 여행할 계획이거나 주로 서양에만 있을 예정이라면 바퀴 달린 가방이 편하다. 스스로를 위해 편한 것을 선택하자.

길 찾는 법

지도는 볼 줄 몰라도 구글 맵은 읽을 수 있을 것이다. 그냥 파란 선만 따라가면 된다. 전 세계 대부분의 호스텔, 카페, 음식점에서 무료 와이파이를 쓸 수 있으므로, 휴대폰을 이용하면 도시를 손쉽게 돌아다닐 수 있다. 우버를 잡거나 대중교통 시스템을 파악하는 것도 공짜로 할 수 있다.

헤엄치러 가기

나 홀로 여행객에게는 이것도 문제가 된다. 해변에 있고 수영은 하고 싶은데, 그 사이 짐은 누가 봐주지? 물속에 있는 동안 귀중품은 누가 챙겨주지? 귀중품은 가지고 다니지 않는 것 외에는 뾰족한 방도가 없다. 해변에 갈 계획이라면, 수영에 필요한 준비물, 방 열쇠, 약간의 현금만 챙기자. 그리고 짐은 최대한 물 가까이에 두어야 계속 주시할 수 있다. 도난당하는 건 흔치 않은 일이지만, 혹시 당하더라도 이렇게 미리 조심해야 값나가는 물건을 잃어버리지 않을 수 있다.

화장실 가기

"나 화장실 다녀올 테니 가방 좀 맡아줘." 이렇게 말할 상대가 없어 봐야 이 문장의 아름다움을 깨닫게 된다. 공항이나 기차역, 버스 터미널에서 화장실이 급한데 엄청나게 큰 배낭을 짊어지고 양손 가득 기념품을 들고 있다면, 어떻게 해야 할까? 불행하게도 정답은 화장실 칸 안에 모두 가지고 들어가는 거다. 그냥 안에 다 밀어 넣는다. 일본 같은

혼자인 것과 외로운 것은 다르다.
이 둘이 반드시 함께일 필요는 없다.

곳에 갔다면 칸막이 바깥에 배낭을 두어도 안전하겠지만, 다른 곳에서는 문제가 될 수 있다. 그래도 화장실 안에 갖고 들어가는 게 싫다면, 많은 역에 수하물 임시 보관 시설이 있으니 돈을 지불하고 약간의 짐을 맡기면 된다(그날 이 도시를 여행할 계획이라면 하루 종일 편리하게 이용할 수 있다).

셀카 찍기

혼자 여행하다 보면 사진 찍을 시간이 굉장히 많다. 하지만 안타깝게도 자신의 얼굴이 나오지 않는 사진을 찍거나, (아름다운 풍경을 다 가리고) 얼굴이 프레임을 가득 채운 사진을 찍게 될 것이다. 이런 상황에서 멋진 사진을 찍는 요령은 두 가지가 있다. 좀 귀찮지만 셀카봉을 사서 셀카 찍는 기술을 연마하거나, 낯선 이의 친절에 기대는 방법이다. 커다란 사진기를 들고 있는 사람(사진기를 잘 다루는 게 분명하기에)을 골라 사진을 찍어달라고 부탁하자.

혼자라는 사실을 설명하기

몇몇 나라에서는 특히 여성의 경우 혼자라는 사실을 사회적인 수치로 여긴다. "남편은 어디 있나?", "왜 아직 결혼 안 했나?", "무섭지 않나?" 같은 질문을 해댄다. 가끔은 혼자라는 사실을 인정하면 스스로 연약한 사람이 된 것 같거나 쑥스러운 기분이 들 수도 있다.

하지만 이런 문제를 해결할 방법이 있다. 사람들의 시선과 질문이 불편하다면 가짜 결혼반지를 끼고 파트너가 오늘 다른 일로 바쁘다고 말하면 된다. 또는 여러분이 반대로 질문을 던져 이상한 질문을 피할 수도 있다. 그냥 정직한 접근법을 선호한다면, 혼자임을 자랑스럽게 선언하라. 당신이 하는 일은 대단한 것이다. 사람들도 그걸 알 필요가 있다.

친구 사귀기

처음에는 쉽지 않지만 장기간 혼자 여행하

다 보면 친구 사귀는 법을 아주 자연스럽게 체득하게 된다. 외국에서 사람 사귀는 방법을 자세히 알고 싶다면 이 책의 5장을 보면 된다.

외로울 땐?

혼자인 것과 외로운 것은 다르다. 이 둘이 반드시 함께일 필요는 없다. 향수병이 제대로 찾아올 때, 나 홀로 여행이 불러일으키는 자유라는 감정이 동료를 갈망하는 심정과 헷갈릴 때가 있다. 하지만 괜찮다. 스스로를 사회적인 상황에 내던지고, 호스텔 동료들과 같이 외출을 나가고, 1일 투어를 예약하고, 애초에 이 여행을 다짐한 이유를 떠올리며, 고향에 있는 친구들이 부러워할 만한 재미있는 활동을 하면 된다.

아플 땐?

돌봐줄 사람이 있다고 해도 아프면 싫은 법이다. 혼자 있는데 아프면 더 최악이다. 이런 상황을 피하고 싶다면, 예방접종을 꼭 챙기고, 기본적인 음식 안전 수칙(즉, 조리하고 삶고 껍질을 벗긴 게 아니면 먹지 마라)을 지킨다. 몸이 안 좋은 듯한 느낌이 들면 현지 의사나 병원을 찾아가서 심각한 문제가 아님을 빨리 확인받는 것이 좋다. 상태가 좀 나아지면 회복을 자축하는 의미에서 근사한 식사나 즐거운 체험을 하자.

싱가포르, 물에 비친 그림자.

4 장

저렴하게,
여유롭게

길거리 음식으로 맛있고 저렴한
식사를 할 수 있다.

곧 호스텔 공용 객실이
편하게 느껴질 것이다.

버스는 가장 저렴한 대중교통 수단 중 하나다.

현지인처럼 여행하면
돈을 절약할 수 있다.

"점심으로 뭐 먹을까?"

달랏으로 가던 중, 동망이라는 작은 마을을 지나며 키엔의 귀에 대고 소리쳤다.

"닭!" 오토바이 앞자리에 있던 그가 외쳤다. 그는 차를 획획 피하고 떠돌이 개 옆을 아슬아슬하게 지났다. "나중에 요리할 거야!"

닭이라니, 잘됐구나 싶었다. 베트남에서 먹은 것 중 가장 덜 모험적인 식사가 될 것 같았다. 뱀이나 튀긴 곤충이 아니라니 말만 들어도 좋았다. 그렇게 우리 둘은 중앙 시장으로 향했다. 전통적인 베트남 도로는 경적을 빵빵 울리는 스쿠터, 트럭, 사람, 가축으로 가득했다.

시장은 베트남 어딜 가나 볼 수 있는 스타일로, 콘크리트 바닥 위에 방수포를 깔아놓고 그 위에 신선한 과일, 채소, 가지가 달려 있는 허브 같은 것을 가득 쌓아 올린 채 팔고 있었다. 키엔은 허브를 사러 간 게 아니었다. 그는 닭 파는 사람을 찾아 곧장 뒤쪽으로 갔다. 나는 그냥 그를 따라갔다.

물가가 싼 나라지만 경비를 더 줄이는 방법이 있다. 바로 끼니때마다 음식점에 가지 말고, 시장에서 장을 봐서 현지인처럼 먹는 것이다.

현지인이 사는 걸 사고, 그들이 요리하는 걸 해 먹는다. 그들이 요리해 먹는 음식이라고 해서 언제나 그 나라 문화가 가득 담겼다거나, 다른 문화가 섞이지 않은 순수한 음식이란 뜻은 아니다. 파리의 치즈, 탄자니아의 막대기에 달린 이상한 고기, 볼로냐의 살라미, 모스크바에서 본 요상한 견과류 등 무엇이든 간에, 시장에서 파는 음식은 굉장히 흥미롭고 굉장히 싸다. 이것이야말로 윈윈이다.

물론 동망의 물가는 쌌다. 무척 쌌다. 나는 (하노이에서 손을 처음 만나고 몇 년이 흐른 뒤) 홀로 베트남을 여행하기 위해 제한된 예산으로 그곳을 돌아보고 있었다. 나는 냐짱에서 달랏까지 뒷좌석이 분리된 오토바이 투어를 예약했고, 전통 가옥 바닥에서 잠을 잤다. 구불구불하고 울퉁불퉁한 시골길을 달리는 동안 낡은 오토바이 뒷자리에 바짝 달라붙어 있어야 했고, 시장에서 재료를 사서 그 지역 사람들 방식으로 만든 요리를 먹으며 지냈다.

가이드인 키엔은 복잡한 시장 안으로 나를 끌고 갔다. 나는 나를 쳐다보는 수많은 노점상에게 미소 지으며, 그들이 사라고 내미는 커다란 봉지를 예의 바르게 거절하며 사람들 틈에서 손을 흔드는 키엔을 열심히 쫓아갔다.

우리는 시장 뒤쪽에 있는 작은 가판대에 도착했다. 그리고 드디어 깨달았다.

우린 닭고기를 사러 온 게 아니었다. 닭을 사러 온 것이었다. 베트남 시장에서 닭을 살 때는, 고향 슈퍼마켓의 냉장 코너에서 보던 닭보다 훨

베트남 하노이의 거리 음식 문화.

씬 활기 넘치는 닭을 볼 수 있다. 이 닭이야말로 제대로 된 닭이었다. 꼬꼬댁거리며 먹이를 쪼아 먹는 닭. 살아 있는 닭.

"어떤 놈이 좋겠어?" 키엔이 좁은 닭장 안을 초조하게 서성이는 열 마리의 닭을 가리키며 물었다.

난 이 상황이 불편했다. 나는 내 점심 식사용으로 닭을 골라본 적이 한번도 없었다. 어떻게 하란 말인가? 내가 이런 걸 할 수 있을 거라고 생각하는가? 난 조만간 우리 영양분이 되어줄 닭들을 유심히 바라보았다. 이런 경험이 처음이었기에 뭘 신경 써서 골라야 하는지도 몰랐다. 내 눈에는 다들 깃털로 뒤덮인 깡마른 새일 뿐이었다.

"저 깃털 난 마른 녀석은 어때?" 내가 키엔에게 말했다.

"좋아. 저놈으로 하지." 키엔이 고개를 끄덕였다.

현지 시장에서는 기막히게 신기한 광경을 볼 수 있다. 라오스 폰싸완 가판대에서는 박쥐를 팔고 있었다. 그것도 세 마리씩 묶어놓은 박쥐를. 한 마리나 두 마리만 사 갈까 봐 그러나? 도쿄의 쓰키지 시장에 가면 지금껏 존재하는지도 모르던 신기한 해산물을 볼 수 있다. 저녁 식사 식탁에 오를 게 아니라 공포 영화 세트장에서 흐물거리고 돌아다녀야 할 것 같은 비주얼이다.

현지 시장에서는 냉정하고 힘든 현실을 확인할 수도 있다. 우리가 먹는 음식이 실제로 어디에서 오는지 알게 된다. 심지어 시장에서 내 생명의 기원을 볼 뻔했다.

키엔과 나는 아주머니가 비쩍 마르고 조그만 닭을 손질하는 모습을 지켜보았다. 손이 어찌나 빠른지 아주머니는 몇 분 만에 털이 다 뽑힌 멀끔한 닭을 우리에게 건네주었다. 깃털 달린 살아 있는 닭이 어느새 고향의 슈퍼마켓 냉장 코너에서 보던 모습으로 변해 있었다.

그렇게 점심거리는 키엔의 배낭에서 꺼낸 비닐에 담겼다. 우리는 오토바이를 타고 저 멀리 숲을 향해 공터를 달렸다. 저 숲에 가면 불을 피우고 요리를 할 수 있을 것이다. 유기농이고 신선하며, 놓아 기른 닭이겠지, 생각했다. 게다가 가격은 겨우 2달러.

미국 모아브, 머나먼 장거리 자동차 여행.

여행 경비가
얼마나 들까?

이 질문은 여행 준비 중 어느 때나 던져야 하는 질문이며, 나 홀로 여행을 계획 중이라면 더 중요하게 생각해야 한다. 호텔이나 식사 비용을 같이 나눌 사람이 없을 때, 혼자 택시를 타거나 투어를 예약하거나 관광지에 갈 때, 비용은 어마어마하게 늘어난다. 이것이 나 홀로 여행의 몇 안 되는 단점 중 하나다. 사실 거의 모든 비용이 혼자일 때 더 많이 드는 것 같다.

하지만 감당할 수 있다. 실행만 할 수 있다면 지출을 최대한 줄이는 요령이 있다. 일단 똑똑하면 된다. 얼마를 쓰고 있는지, 얼마나 줄일 수 있는지, 얼마를 남길 수 있는지 동시에 생각하면 된다.

알려줄 요령 중 대부분은 대단한 게 아니다. 그래서 여행하는 동안 크게 영향을 미치지 못할 수도 있다. 하지만 몇몇 아이디어는 실제로 여러분의 여행을 매우 쾌적하게 만들 수 있다. 완전히 새롭게 놀라운 일을 경험하게 할 것이고, 어울릴 거라고 생각하지 못한 사람들과 어울리게 할 것이다. 베트남 중부에 있는 시장 여행이 완벽한 본보기라고 할 수 있다. 상당히 거칠고 놀랍기도 했지만, 말도 안 되게 저렴한 물건이 많았다. 또 실제 베트남 사람들이 살아가는 일상의 단편을 엿볼 수 있는 진실된 경험이기도 했다. 에어컨을 설치한 살균 소독된 음식점과는 어느 면으로 보나 비교도 할 수 없었다.

앞으로 소개할 절약 팁은 여행하다 보면 자연스럽게 체득하게 된다. 절약하고 있다는 사실조차 인지하지 못할 수도 있다. 당신이 생각해야 할 것은 특별히 돈을 더 들이지 않고도, 혼자 자유롭게 세상을 탐험하고 있다는 사실, 그것뿐이다.

일본 교토, 셀카를 찍는 현지인들.

나 홀로 여행을
여유롭게 하는 19가지 방법

최소한의 비용으로 최대한 많은 것을 얻는 여행을 할 수 있도록 도와주는
유용한 정보와 요령.

목적지를 정할 때는 융통성 있게

나 홀로 여행의 가장 큰 장점은 자유롭게 융통성을 발휘할 수 있다는 것이다. 막판에 계획을 바꿔도 되고, 결정을 내릴 때 다른 사람의 의견에 휘둘릴 일도 없다. 이런 자유가 돈을 아끼게 해주기도 한다. 인터넷으로 저렴한 항공권이나 핫딜을 찾는 데 성공하면 언제 어디로든 떠날 수 있기 때문에 어마어마한 돈이 절약된다.

짐은 가볍게

2백~3백 달러를 절약하는 손쉬운 방법은 바로 비행기를 탈 때 기내 반입 가능한 양의 수하물만 싸는 것이다. 이렇게 하면 국내선을 탈 때나 저가 항공사를 이용할 때 수하물 수수료를 낼 필요가 없다. 반면 세탁할 기회가 생길 때까지 같은 옷을 며칠 동안 입어야 한다는 단점이 있다. 하지만 생각해보라. 혼자 여행 중인데 무슨 상관인가?

비수기에 여행하기

1월의 로마는 장관을 이룬다. 하늘은 파랗고 공기는 상쾌하지만 춥지 않다. 현지인들은 여유가 넘치고 행복하다. 그리고 관광객도 거의 없다. 완벽하다. 이것이 비수기 여행의 이점을 완벽하게 보여주는 예다. 호스텔이 방을 특가로 내놓기 때문에 비용을 줄일 수 있을 뿐만 아니라 인기 많은 관광지의 혼잡을 피할 수 있다. 봄이나 가을 같은 성수기와 비수기 사이에도 비용을 절약할 수 있고, 가장 아름다울 때의 모습과 크게 다르지 않은 관광지를 즐길 수 있다.

싱글 서플먼트가 없는 투어 예약하기

낯선 사람과 한방을 쓸 준비만 되어 있다면, 대부분의 투어 회사에서는 나 홀로 여행객도 2인 1조로 여행하는 사람들과 같은 가격으로 예약할 수 있다. 인트레피드, G 어드벤처스, 온 더 고 On The Go 같은 회사는 이런

유명한 파리의 개선문.

종류의 여행에 전문가다. 혹시 싱글 룸을 쓰고 싶다면 싱글 트래블 커넥션스 Single Travel Connections 과 투즈 어 크라우드 Two's A Crowd 처럼 혼자서 방을 쓰고 싶은 사람에게 싱글 서플먼트를 부과하지 않는 회사를 선택하면 된다.

돈 관리하기

모든 여행객에게 중요하지만 나 홀로 여행객에겐 특히 더 필요한 것이 돈 관리다. 여행객이라면 누구라도 언제나 쉽게 돈을 찾고 싶어 하며 쓸데없는 수수료에는 최대한 적은 돈을 쓰고 싶을 것이다. 즉 해외 결제 수수료나 ATM 수수료가 없는 신용카드가 필요하다는 뜻이다.

그러므로 다양한 외화를 보유하고 있고 환율 혜택이 좋은 여행용 특별 카드를 알아보는 것이 좋다. 그러면 공항 환전소에서 높은 수수료를 내고 환전할 필요가 없다.

휴대폰 요금 관리하기

대부분의 여행객이 해외에 휴대폰을 가지고 가지만, 요금 폭탄을 맞고 싶지는 않을 것이다. 그런 점에서 무료 와이파이는 여러분의 친구다. 전 세계 대다수의 호스텔, 수많은 카페, 바에서는 무료 와이파이를 제공한다. 돈을 절약하기 위해서는 잊지 말고 데이터 로밍을 꺼두고, 대신 와이파이를 이용해 이메일, 왓츠앱, 스카이프, 소셜 미디어나 인터넷 서핑을 한다. 한 나라에서 몇 주 이상 지낼 예정이라면, 그 지역의 SIM 카드를 구

매하는 것도 생각해볼 만하다. 이런 선불카드는 고국에서 가져온 SIM으로 로밍하는 것보다 훨씬 저렴하다. 단기간 머물 예정이라면 전화 통화나 메시지는 최소한으로 하고 다른 데는 무료 와이파이를 사용하면 된다.

레일패스나 할인 교통 카드 이용하기

배낭여행객이 이용하기에 교통비가 비싼 나라나 도시에는 대부분 관광객을 겨냥한 할인 교통 카드가 있다. 일본의 경우 도시 간 열차를 이용할 계획이라면 JR 패스가 경비를 크게 줄여줄 것이다. 바르셀로나에서는 올라 BCN Hola BCN 카드만 있으면 시내 대중교통을 무제한으로 이용할 수 있다. 스톡홀름의 트래블 카드 역시 일정 기간 동안 모든 대중교통을 할인된 가격으로 이용할 수 있게 해준다. 지금 언급한 것은 몇 가지 예에 불과하니, 여러분이 선택한 목적지에도 비슷한 서비스가 있는지 구글링해보는 게 좋겠다.

호스텔에 묵기

호스텔은 나 홀로 여행객에게 이상적인 곳이다. 호스텔은 공용 객실처럼 굉장히 싼 숙소를 제공하며 주방 시설을 갖추어 직접 요리를 해 먹을 수도 있다. 게다가 자연스러운 만남의 기회를 제공하기 때문에 교통이나 체험비를 아끼기 위해 동료 여행객을 모집해야 할 때 유용하다.

공유 경제 이용하기

호스텔 침대보다 훨씬 더 싼 숙박 시설이 있다. 바로 카우치서핑, 즉 현지인들이 여행객에게 무료로 남는 침대, 소파, 거실 바닥을 제공하는 서비스다. 이런 방식이 마음에 들지 않는다면 에어비앤비를 통해 다른 사람의 집을 렌트할 수도 있다. 한편 교통수단과 관련해 공유 경제를 이용하려면 (다른 사람과 우버를 공유하는) 우퍼풀 UberPool 이나 같은 방향으로 가는 사람들끼리 서로 연락할 수 있게 도와주는 블라블라카 BlaBlaCar 를 알아보자.

빵 챙기기

원하는 음식을 마음껏 먹을 수 있는 뷔페에 갈 때는 이렇게 말한다. "빵으로 배를 채우지 마라." 하지만 호스텔이나 호텔 조식을 먹는 나 홀로 여행객에게는 이 말이 통하지 않는다. 아침을 무료로 제공하는 곳에 머무른다면 일단 빵을 가득 챙겨라. 주머니에 롤빵이나 크루아상을 가득 채우는 거다. 햄이나 치즈도 냅킨으로 싸서 챙기고, 과일 몇 조각도 가방에 넣는다. 짜잔. 점심 식사비를 아낄 수 있다.

대중교통 이용하기

이는 꽤 단순한 비용 절감 방법이다. 택시, 여행용 미니밴, 심지어 우버까지 포기하고 가장 싼 방법으로 이동하는 것이다. 버스나 지하철을 타자. 또는 초저가 개인 차량인 릭쇼나 툭툭, 오토바이 택시를 탈 수도 있다. 그러면 원하는 곳에 갈 수 있을 뿐 아니라 흥미로운 사람들을 만날 수도 있고, 현지인의 삶을 경험할 수도 있어서 이야깃거리가 늘어날 것이다.

무료 투어 참여하기

전 세계 대부분의 대도시에서는 비용이 전혀 들지 않는 가이드 투어를 적어도 한두 개씩 제공한다. 보통 열정적인 현지인이 이끄는 도보 투어로, 아무런 비용 없이 관광지를 소개하고 재미있는 문화도 설명해줄 것이다. 주중 어느 때나 즐길 수 있는 오픈 톱 투어 버스보다 더 낫다.

무료 체험하기

세계 최고의 관광 명소 중에는 비용이 전혀 들지 않는 곳이 있다. 예를 들어 런던에 있는 유명한 박물관이나 미술관 대부분은 무료입장이 가능하다. 뉴욕의 센트럴 파크도 공짜다. 워싱턴 DC의 스미스소니언, 이스탄불의 그랜드 바자르도 무료다. 또 어떤 도시든 거리 미술을 감상하는 데는 돈이 들지 않는다.

호스텔에서 짜주는 활동 참여하기

이는 호스텔에 묵어야 할 또 하나의 이유다. 호스텔에서는 대부분 술집 순례, 도보 투어, 나이트클럽 방문 등 그 지역에서 놀이나 투어를 함께 할 사람들로 팀을 짜준다. 혼자 나가는 것보다 장점이 많다. 그리고 이후 경비를 분담할 수 있는 사람들도 사귈 수 있다.

걷는 건 가장 저렴하며 때로는
가장 좋은 이동 방법이다.

시장에서 장을 보고 직접 요리 해 먹기

현지 음식을 먹는 것이 여행 경험 중 아주 큰 부분을 차지하긴 한다. 하지만 신선한 재료를 사서 호스텔 부엌에서 직접 요리하면 돈을 크게 아낄 수 있다. 그리고 슈퍼마켓 대신 현지 시장에서 장을 보면 그 나라의 진정한 식재료를 맛볼 수도 있다. 당신이 쓴 돈이 곧바로 농부와 재배자에게 돌아가므로 지역 경제에도 도움을 줄 수 있다. 직접 요리하는 건 부담스럽지만 여전히 돈은 아끼고 싶다면, 길거리 음식을 먹으면 좋다. 특히 동남아시아에서는 현지 음식을 저렴하게 즐길 수 있다.

특별 할인 시간대에 술 마시기

호스텔 바에서는 늘 특정 시간에 할인을 해주는데, 이때는 언제나 사람들로 붐빈다. 배낭여행객은 저렴한 술을 좋아하기 때문이다. 하지만 당신은 꼭 호스텔에 집착할 필요가 없다. 저예산 여행객에게 인기 있는 지역을 방문 중이라면, 그 지역의 술집이나 음식점 대부분이 특정 시간대에 할인을 해준다는 사실을 알게 될 것이다. 유럽의 경우 슈퍼마켓을 이용하면 저렴하게 술을 마실 수 있다. 슈퍼마켓에 파는 현지 맥주나 와인은 거의 공짜라고 해도 될 정도로 싸다.

파트너 만들기

두 명 이상의 그룹 여행객이 같이 택시나 식사 비용을 나눠 내는 게 부러운가? 여러분도 따라 하면 된다. 호스텔에서, 혹은 투어

일본 도쿄의 라멘 가게에서 하는 점심 식사.

중에, 그 외 다양한 방법으로 만난 나 홀로 여행객 중 마음 맞는 사람들을 모아 같이 여행을 하는 거다. 함께 여행하면 돈을 아낄 수 있다. 그러다 상황이 맞지 않으면 언제라도 각자의 길을 가면 된다.

걷기

시내를 돌아다니는 훨씬 싼 방법도 있다. 바로 걷는 거다. 두 발과 심장박동을 이용하면, 어쩔 수 없이 천천히 이동하게 되고, 모든 것을 제대로 흡수할 수 있다. 도시를 있

는 그대로 보고 느끼고 만지고 냄새 맡을 수 있다는 뜻이다. 게다가 완벽하게 공짜다.

점심은 밖에서, 저녁은 안에서
가끔 멋진 레스토랑에서 외식을 하고 싶은데 금전적으로 여유가 없다면, 점심시간을 이용하자. 유럽에서는 대부분의 음식점에서 점심 세트 메뉴(두세 가지 코스에 와인 한 잔)를 저녁때보다 훨씬 싼 가격에 제공한다. 일본의 고급 레스토랑도 점심시간에는 가격을 대폭 낮춘다. 점심은 외식을 하고 저녁은 호스텔에서 직접 해 먹으면 꽤 많은 돈을 절약할 수 있다.

/ 5장 /

다른 사람들과 어울리기

미국 마이애미 관중 중 한 명.

호스텔에서는 언제나
사람들을 만날 기회가 있다.

"옆자리에 누가 앉게 될지 절대 모르잖아."
프랭크가 그 어느 때보다 강한
호주 웨스트코스트 억양으로 웃으며 말했다.

그는 구운 양고기를 한 입 먹고는 저 먼 곳을 응시했다.

　그의 말이 맞다고 생각했다. 옆자리에 누가 앉을지 알 수 없다. 프랭크와 친구들은 한 시간 전만 해도 크게 눈에 띄지 않았다. 나는 저녁 식사 자리에서 그들과 만났고, 그들은 스스로를 '쇠약한 늙은 스키어 떼거리'라고 소개했다. 하지만 식전 술에서 애피타이저로 넘어가고, 또 메인 요리로 넘어가는 동안 이야기를 들어보니 그들은 평범한 사람들이 아니었다. 확실히 대단한 사람들이었다.

　이 쇠약한 늙은 스키어들은 뉴질랜드 크라이스트처치 근방 작은 스키 리조트에서 왔다. 그들은 더 많은 눈을 찾아 오하우 리조트에 잠시 여행을 왔다고 했다. 오하우는 겨우 프랭크가 다니던 곳보다 조금 큰, 아주 작은 스키 리조트였다. 오하우에서 '리프트가 모두 열렸다'는 건 두 개가 다 열렸다는 뜻이었다. 오전에 누군가와 우연히 마주쳤다면, 오후에 반드시 그 사람과 2인용 리프트를 같이 탈 정도로 규모가 작은 곳이었다.

모두가 서로를 아는 것 같았다. 단지 평생 스키를 타오던 현지인들이라서 그런 것만은 아닌 듯했다. 활강 코스에 대해 수다를 떠는 사람들은 바로 전날 밤 활강 코스에서 만난 사이였다. 그들 모두 나랑 같은 곳, 닐슨 가족이 운영하는 작은 호텔인 레이크 오하우 산장에 묵고 있는 것 같았다. 닐슨 가족 역시 스키를 탈 수 있는 나지막한 산과 매점 등을 소유하고 있었다.

산장은 스키를 타는 사람들에겐 아주 익숙한 곳이었다. 산장 가운데에는 커다란 휴게실이 있었는데, 눈을 사랑하는 사람들이 우스꽝스러운 니트 점퍼를 입은 채 장작불 주위에 서서 그날 스키장에서 있었던 일을 이야기하는 모습을 상상하면 될 것이다. 바로 지금 이 순간에도 산장에서는 그런 풍경이 펼쳐지고 있을 듯하다.

이곳의 아침 식사 시간은 제각기 다른 시간에 하루를 시작하는 손님들 때문에 시간 차가 있지만, 저녁 식사는 격식을 갖춘 그룹 이벤트처럼 준비한다.

아이들은 각자 자기 테이블에서 먼저 식사를 하고, 어른들은 주인장인 작 닐슨이 혼자 계획한 대로 자리를 배정받는다. 나는 작이 말을 걸 때까지 바보 같은 점퍼를 입고 장작불 옆에서 스페이츠 에일을 마시고 있었다. "좋아요. 앉을 준비 됐나요?" 그렇게 해서 나는 완전히 낯선 사람과 같은 테이블에 앉게 되었다. 옆에 누가 앉을지는 아무도 모른다.

누구에게나 사연은 있는 법이니, 조금씩 알아가면 된다. 첫날 밤 나는 마이크라는 남자 옆에 앉았고, 그는 비행기를 조종한다는 말을 흘렸다. 비행기 모는 게 직업인가요? 맞다, 마이크의 직업은 비행기 조종사였다. 어떤 종류의 비행기죠? 헤라클레스 수송기라고 했다. 마이크는 헤라클레스 수송기 조종사였다.

누군가 공군에서 일하는 게 아니냐고 물었다. 음, 맞아요, 마이크가 대답했다. 그는 공군에서 일하고 있었다. 그의 직업은 공군에서 헤라클레스를 조종하는 것이었다.

위험한 적은 없었나요? 그러자 마이크는 아프가니스탄에서 근무하다 온 지 얼마 안 됐다고 했다. 그럼 정리해보자. 스키를 배우기 위해 브리즈번에서 온 아빠, 마이크는 돈을 벌기 위해 아프가니스탄에서 헤라클레스 수송기를 조종하기도 했다. 흥미로운 사람이었다.

두 번째 날, 작 닐슨은 불 옆에 멍하니 앉아 있던 나를 불러 나이 지긋한 뉴질랜드인, 늙은 스키어 무리가 앉은 테이블로 데리고 갔다. 프랭크가 먼저 말을 걸어왔다. 그는 목회자이며 거의 일생 동안 브라질에서 선교를 했다고 말했다.

그는 산악가이기도 했다. 알고 보니 테이블 반대편에 앉아 있던 키스와 프랭크는 꽤 위험한 등반을 함께 해왔다고 했다. 쿡산에서 산악 가이드로 일하기도 했고, 어떤 해에는 에베레스트를 등반하기 위해 100일간 준비했으나 기량이 크게 미치지 못했다고 했다.

키스는 와인을 홀짝이더니 쿡산에서만 일한 게 아니라고 말했다. '좀 더 남쪽'에서도 있었다고 하길래, 인버카길을 말하는 거냐고 물으니, 그가 씩 웃으며 남극이라고 대답했다.

키스는 남극에서 잠깐 일했다고 했다. 어떤 종류의 일을요? 그는 맥머도 기지에서 탐색과 구조 일을 했다고 말했다. 아주 힘든 일은 없었나요? 물으니 그는 1979년 257명의 승객을 태우고 가던 에어 뉴질랜드 비행기가 남극 에레버스산에 추락했을 때 맨 먼저 사고 현장에 도착했고, 자신이 구조를 주도했다고 털어놓았다.

키스는 남극에서 벌어진 에어 뉴질랜드 참사의 구조를 이끌었다. 또 다른 이야기가 궁금하다고? 그에겐 들려줄 이야기가 수백 가지 있었다.

키스가 새로운 이야기를 시작하려고 할 때, 나는 '나 홀로 여행이란 이런 것이구나' 생각했다. 사람들. 평소에는 절대 만나지 못할 굉장한 사람들을 만날 수 있다는 것이 나 홀로 여행의 묘미다.

당신이 오하우의 저녁 식사 테이블에 있든, 모스크바의 버스에 있든, 리마의 바에 있든 그런 건 중요하지 않다. 당신 옆자리에 누가 앉게 될지는 아무도 모르는 거니까.

아르헨티나 마르델플라타의 해변에 들렀다.

일본 교토의 후시미이나리 신사에서
포즈를 취하는 관광객들.

여행의 하이라이트는
바로 이것이 아닐까.

어디에 가는지, 얼마나 머물지는 중요하지 않다. 무엇을 볼지, 무엇을 할지도 상관없다. 집을 떠나 시간을 보내는 중에 진심으로 기억할 만한 순간, 평생 품고 갈 부분은 바로 여행 중 만나는 사람들이다.

동료 여행객. 현지인. 새로운 친구. 새로운 파트너. 새로운 여행 친구. 새로운 인연. 재미있는 사람. 놀라운 사람. 흥미로운 사람. 성가신 사람. 아름다운 사람. 나 홀로 여행을 떠나면 이렇게 다양한 사람을 모두, 아니 그 이상 만날 수 있다. 하지만 그렇다고 걱정할 필요는 없다. 사람을 사귀는 데 소질이 없는 사람도 자연스럽게 누군가를 만나게 될 것이다. 그럴 수도 있다는 가능성의 문제가 아니다. 여행 중에는 사람들이 계속 스쳐 간다. 정말 온갖 장소에서, 가끔은 생각지도 못한 곳에서도 사람들과 마주친다.

그들은 당신과 같은 방을 쓰고, 같은 부엌에서 저녁을 요리할 것이다. 그들은 당신과 같은 코스를 돌고, 같은 바에서 술을 마실 것이다. 우연히 같은 버스를 타거나 같은 시간대에 여행을 시작할 수도 있다.

이들은 여러분과 거의 같은 경험을 공유하는 사람들로 여러분과 고락을 함께하며, 나 홀로 여행의 장단점을 이해하는 사람들이다. 그리고 그들 역시 상대의 이야기를 듣고 자신의 이야기를 나눌 새로운 친구들을 만나고 싶어 할 수도 있다. 같이 여행할 사람을 찾거나, 같이 맥주를 마실 사람을 찾고 있을 수도 있다. 그러니 혹시 당신이 새로운 사람들을 사귀고 싶다면 언제라도 상대를 만날 수 있다. 그리고 친구를 사귈 수 있는 확실한 장소가 몇 있다.

호스텔에서

호스텔에 묵으면 사람을 만날 수 있다. 수백 명의 사람을. 일단 객실에서부터 시작이다. 공용 객실을 이용할 경우 그 안은 동료나 홀로 여행객이나 친구 무리로 그득할 것이다. 호스텔 공용 객실에 묵으면 돈을 절약할 수 있을 뿐만 아니라 억지로라도 사람을 만나게 된다. 다른 여행객과 좁은 공간에 있으니 대화를 나눌 수밖에 없다. 호스텔 객실 안에서 유럽, 아메리카, 아시아, 호주 등 전 세계 사람들을 만날 수 있다. 당신은 그저 침대에 앉아서 문으로 누군가가 들어오기만 기다리기만 하면 된다. 그들에게 어디 출신인지, 어디를 여행하고 왔는지, 어디로 갈 건지 물어보자.

호스텔에는 다른 공용 공간이 있기 때문에 같은 방을 쓰지 않는 사람과도 만남을 가질 수 있다. 공용 부엌에서 어설프게 볼로네즈 스파게티를 만드는 동안에도 사람들을 만날 시간은 충분하다. 라운지 같은 곳에서 당신이 방문할 예정인 지역을 이미 다녀온 사람들에게 조언을 구할 수도 있을 것이다. 그리고 호스텔 측에서 매주 팀을 꾸려주는 바비큐나 술집 순례, 도보 투어 등에 참여하면 새로운 사람들과 대화를 나눌 기회는 훨씬 더 많아진다.

1일 투어 중

새로운 도시에 막 도착하면 관광 명소가 어디인지도 모르고 아는 사람도 전혀 없다. 하

카페나 술집은
현지인을 만나는 데
가장 좋은 장소다.

온라인으로 들어서면
친목의 길이 열린다.

동료 여행객을 만나기 위해
그룹 투어에 참여하자.

지만 문제 없다. 이 지역에서 제공하는 1일 투어가 답이다. 다른 동료 여행객들과 함께 짧게나마 여행지를 둘러보는 거다. 파리 마레의 도보 투어, 멕시코시티의 길거리 음식 투어, 포틀랜드의 수제 맥주 투어 같은 것들이 바로 그 예다. 그 지역의 회사가 운영하는 것으로 호스텔을 통해 찾아야 하는 것도 있고, 어번 어드벤처스, 에어비앤비 같은 대규모 다국적 기업이 운영하는 것도 있다. 어떤 것을 선택하든 지금 막 도착한 새로운 장소를 이해하는 데 도움이 되며, 금방 새 친구가 될 수 있는 다른 여행객과 시간을 보낼 수도 있다.

더 긴 투어 중
1일 투어 대신 더 긴 그룹 투어를 참여해보는 건 어떨까? 며칠, 몇 주, 길게는 몇 달 동안 투어 가이드와 운전사가 힘든 일은 모두 대신해줄 것이다. 그러니 이런 투어에 참여하면 당신이 선택한 목적지의 핫 스폿을 모두 들를 수 있을 뿐만 아니라, 경험을 함께 나누고 싶은 마음 맞는 관광객 무리와 함께 즐거운 시간을 보낼 수도 있다.

클래스를 듣다가
사람을 만나기 위해 꼭 투어를 신청할 필요는 없다. 두세 시간 클래스를 듣는 것만으로도 새로운 친구 후보를 만날 수 있다. 외국에서 요리 클래스를 들으며 몇 가지 요리법을 배우고 동료를 만날 수 있다. 언어 강좌를 수강하면 많은 수강생을 만날 수 있을 뿐만 아니라 현지인과 대화하는 것도 가능하다.

춤을 배워도 좋고 그림을 배워도 좋다. 같이 수업을 들었던 사람들이 별로 마음에 들지 않아 친구는 얻지 못하더라도, 적어도 그 지역의 문화에 대한 공감은 얻을 수 있지 않은가.

일터에서
수많은 배낭여행객이 경비를 충당하거나 꿈을 이루기 위해 해외에서 일한다. 게다가 덤으로 사람들을 만날 수도 있다. 학교에서 영어를 가르쳐라. 술집에서 일하거나 카페 웨이터를 할 수도 있고, 숙박료를 벌기 위해 호스텔에서 청소를 할 수도 있다. 우핑(WWOOFing, 유기농 농장 등에서 일하고 숙식을 제공받는 것) 등 여러 사회적 기업에서 자원봉사를 할 수도 있다. 좋은 일도 하고, 친구도 사귀고, 쉽지 않은가.

술집에서
물론 꼭 술집에서 일해야 사람을 사귀는 건 아니다. 그냥 술을 마시러 혼자 술집에 갈 수도 있다. 혼자 술집에 가는 게 살짝 겁이 날 수도 있지만, 배낭여행객이 많이 몰리는 지역의 술집은 친목을 도모하는 분위기이기 때문에 대부분의 사람들은 대화할 준비가 되어 있다. 자신이 있으면 술집으로 가서 술을 시키고 자리를 잡자. 당신의 재미있는 외국 억양을 사람들에게 들려주고, 새로운 친구들이 나타나기를 기다리면 된다.

소셜 미디어를 통한 만남

호스텔에 묵거나 투어를 하지 않아도 다양한 웹 기반 미디어를 통해 형성된 '밋업'을 경험할 수 있다. 웹사이트 '밋업 Meetup'은 전 세계 도시의 여행객, 여행객을 만나고 싶은 사람을 위해 정기적인 밋업을 개최한다. '인스타밋츠 InstaMeets'는 인스타그램을 통해 만남이 이루어진다. 다양한 여행객의 만남이 트위터를 통해서도 이루어지고 있으니 #meetup을 검색해보는 걸로 시작하자. 온라인으로 들어서면 친목의 길이 열린다.

틴더 Tinder 앱에서

웃지 마라. 진짜다. 꼭 데이트할 상대를 찾을 때만 쓰는 게 아니다. 지역 주민이나 동료 여행객과 하룻밤 즐거운 시간을 보내고 싶을 때도 이 앱을 활용할 수 있다. 저녁 식사를 하러 가고 싶거나, 술집에 가고 싶을 때 틴더가 답이 될 수 있다. 앱에 들어가 자신의 정보를 올리자. 대신 만남의 목적이나 관계 허용치에 대해 솔직하게 답해야 한다.

새로운 친구들이
당신을 기다리고 있다.

함께 여행하기에 최악인 인간 유형 여덟 가지

여행하다 보면 수백 명을 만나게 된다. 교류한 사람들 중 일부는 금방 잊히겠지만, 어떤 사람들은 몇 년씩 인연을 이어가기도 한다. 여행객은 자연스럽게 서로 뭉치려 하거나 그룹을 지어 여행하려는 경향이 있다. 더 안전하기 위해, 돈을 절약하기 위해, 즐겁기 위해.

그리고 이건 솔직히 만만한 일이 아니다. 전혀 다른 문화와 다른 나라에서 생활하는 사람들과 경험을 나눠야 하기 때문이다. 재미있는 사람도 있고 미친 사람도 있다. 솔직히 모든 사람이 여행 파트너로 좋은 건 아니다. 일단 한동안 여행을 해서 다양한 사람들과 시간을 보내고 그들의 습관을 관찰하다 보면, 함께 여행하기에 정말 좋은 타입이 있고, 그렇지 않은 타입이 있다는 걸 깨닫게 된다. 당신의 파트너가 될지도 모르는 사람에게 다음과 같은 점을 발견한다면, 부디 작별을 고하시길.

구두쇠

"20달러? 아, 글쎄." 이런 문장을 처음 들으면 당신 파트너가 구두쇠라는 걸 깨달으면서 가슴이 철렁 내려앉는다. 물론 여행객마다 예산이 다르다. 하지만 돈을 쓰는 것 자체에 알레르기 반응을 보이는 사람이 있다. 함께 여행할 때는 이런 게 악몽으로 다가온다. 물론 그 반대의 경우, 무분별하게 돈을 쓰는 사람도 문제다. 당신에게 충분한 돈이 없다는 사실을 계속 거슬려 할 것이기 때문이다. 그러니 가장 이상적인 방법은 예산이 비슷한 사람, 그 예산을 쓸 의지가 있는 사람을 친구로 삼는 것이다.

술에 취한 사람

술에는 문제가 없다. 여행객은 늘 술을 마신다. 술을 마시면 즐겁다. 하지만 술 마시는 사람과 술에 취한 사람 간에는 큰 차이가 있다. 술 마시는 사람은 멋진 경험을 더 풍요롭게 하기 위해 술을 이용한다. 반면 술에 취한 사람은 술 자체가 경험이다. 끊임없이 다음 술집을 찾는 사람, 술을 진탕 마시고 쓰러져서 매일 밤 숙소까지 데려다줘야 하는 사람과 여행하면 금방 지루해진다.

꾸물거리는 사람

여러분은 꾸물거리는 사람이 아침에 준비하는 모습을 보면서, 출발하기까지 시간이 얼마나 더 걸릴지 계산한다. 좋아, 지금 신발을 신고 가방을 싸는 걸 보니 10분 안에는 출발하겠군. 하지만 30분이 지나도, 여러분은 침대에 그대로 앉아 있다. 이 굼뜬 인간들은 방을 느릿느릿 걸어 다니며 뭔가를 집어 들었다가 다시 내려놓고, 까먹고 있던 걸 생각해내고, 옷을 바꿔 입기로 마음먹고, 그날 계획을 다시 검토한다. 으악! 그냥 출발하자고!

스트레스 유발자

스트레스는 전염된다. 함께 여행하는 사람이 스트레스를 받고 있으면, 당신도 스트레스를 받는다. 그들이 걱정하는 걸 여러분도 걱정하게 되고, 여러분이 걱정하면 또 다른 사람들이 그걸 걱정하게 된다. 그러면 처음에 걱정하기 시작한 사람들의 스트레스는 더 심해진다. 이것은 끔찍한 순환이다. 최고의 여행 친구는 유연하게 대처할 줄 아는 사람, 놓쳐버린 기차나 나쁜 숙소, 또는 여행을 하다 보면 불가피하게 겪게 될 사소한 문제에 대해 과한 걱정을 하지 않는 사람이다. 스트레스 유발자는 상황만 악화시킬 뿐이다.

식성이 까다로운 사람

나는 다른 사람이 비건이든 베지테리언이든 페스카타리언이든 육식주의자든 잡식주의자든 심지어 과일만 먹는 프루테리언이든 상관없다. 모두가 자신에게 맞는 식이를 할 권리가 있다. 하지만 식이를 매우 엄격하게 제한하는 사람과 여행할 때는 문제가 생긴다. 음식은 여행 경험에서 굉장히 큰 부분을 차지한다. 열심히 즐기고 함께 나누어야 한다. 그런데 식성이 전혀 다른 사람, 특히 특정 식단을 준비하는 것이 힘든 나라에서 특별하게 조리된 음식을 필요로 하는 사람과 여행을 하면 먹는 것 자체가 굉장히 큰 문제가 될 수 있다.

왕자 또는 공주
여행 중에는 용기가 필요하다. 마음을 터놓고 현지인들이 경험하는 방식을 받아들여야 한다. 이를테면 지저분해 보이는 음식점에서 밥을 먹거나, 바닥에서 잠을 자거나, 먼 거리를 걷는 등, 불편할 수 있는 일을 기꺼이 해야 한다는 뜻이다. 약간의 불편함도 감수하지 못하는 사람과는 즐겁게 여행할 수 없다.

우유부단한 사람
여행에는 늘 수많은 결정이 따른다. 오늘 어디에 갈 것인가? 무얼 먹을 것인가? 무얼 마실 것인가? 어떻게 갈 것인가? 이다음에는 어디로 갈 건가? 호텔 비용으로는 얼마를 쓸 건가? 어떤 호텔이 좋을까? 그리고 또, 그리고 또. 결정 장애가 있는 사람, 이랬다 저랬다 흔들리는 사람, 잘못된 결정을 내릴까 봐 늘 두려워하는 사람과 여행하면, 여행 기간이 아주 아주 길게만 느껴질 것이다.

투덜거리는 사람
이게 최악이다. 다른 여행객 스타일은 그래도 견딜 수 있다. 술 취한 사람, 꾸물거리는 사람, 스트레스 유발자, 구두쇠, 비건 등 모두 참을 수 있다. 하지만 투덜이는 악몽이다. 투덜거리는 사람은 어디를 가든, 언제 가든 내내 불쾌한 시간을 보내려고 작정한 사람들 같다. 이들은 잘못될 수도 있었던 일 한 가지에 정신을 팔려 그 일을 계속 과장해서 생각하는 것 같다. 좋은 여행 경험은 올바른 태도를 갖는 데서 비롯된다. 그리고 투덜이들은 결코 이런 태도를 갖추지 못했다. 부디 즐거운 시간을 보내고 싶어 하는 사람과 여행하자.

5장 다른 사람들과 어울리기

6장

이동 방법도
내 맘대로

독일 베를린의 밝은 불빛.

자동차는 싸지 않지만
충분한 자유를 준다.

사람들의 시선이
명백한 증거다.

이 버스를 탄 서양인들이 많지 않았을 것이다. 아마도 그럴 만한 이유가 있었겠지. 내가 때 묻은 계단 위로 짐을 끌고 들어와 앞으로 몇 시간 앉을 자리를 찾는 동안, 일고여덟 명이 눈을 커다랗게 뜨고 나를 빤히 쳐다보았다. 남은 자리는 충분했다. 다양한 색깔의 벨루어를 씌운 의자였다.

"모두 앉아요!" 기사 목소리가 계기판 위 낡고 조잡한 오디오에서 뿜어져 나오는 발리우드 음악 소리를 뚫고 들려왔다. 큰 버스였고 승객은 많지 않았다. 그래서 나는 짐을 옆자리 끈끈한 벨루어 천 위에 내려놓고 자리를 잡았다. 사람들은 눈길과 모터오일 냄새와 화려한 발리우드 음악 속에서.

여기에 얼마나 오래 앉아 있어야 할지 알 수 없었다. 공식적으로는 첸나이에서 마말라푸람까지 세 시간이 걸리지만, 교통 상황이나 버스 상태, 이곳을 관장하는 수천 가지 신의 기분에 따라 시간은 언제든 바뀔 수 있었다. 그 신 중 하나인 가네쉬가 계기판 위 오디오 옆에 앉아 있

북아프리카 도로에서는
지루할 틈이 없다.

는 걸 보니 그는 우리 편인 듯했다. 가네쉬 앞쪽 차 유리에는 금이 가 있
었지만, 아무도 신경 쓰지 않는 것 같았다. 버스 안은 거의 섭씨 40도였
기 때문에 기사가 드디어 브레이크를 풀고 사람들로 버글거리는 첸나
이 길거리로 나오자 살 것 같았다. 이제야 열린 창문으로 바람이 들어왔
기 때문이다.

　　당신은 대중교통을 사랑해야 한다. 대중교통을 이용해보지 않고서
그곳을 경험했다고 말할 수는 없다. 대중교통은 그 도시의 축소판이자,
방문객이 진짜 현지인의 생활을 경험할 수 있는 요소다. 일본에는 초고
속열차가 있다. 런던에는 빨간 2층 버스가 있다. 뉴욕에는 지하철이, 인
도에는 낡아빠진 버스가 있다.

지금 내가 타고 있는 게 바로 그 버스다. 속이 터지도록 느린 속도로 첸나이를 통과하던 버스는 혼돈의 도가니가 되었다. 처음에는 승객이 거의 없었지만 30분 만에 버스는 점점 더 붐볐고, 화려한 색의 벨루어 좌석 위에 놓여 있던 내 배낭은 내 무릎 위로 옮겨졌다. 나를 쳐다보던 일고여덟 쌍의 눈길은 이제 쉰 쌍이 되었다.

버스 밖도 난장판이었다. 붐비는 길 바로 한가운데 사원이 있었다. 커다란 느낌표와 '사원'이라는 글자가 적힌 도로 표지판이 그 앞에 있는 걸로 알 수 있다. 참 가까이도 있군. 버스는 발리우드 음악을 쾅쾅 울리며 그 옆을 빙 둘러서 간다. 그러다 길가에 있는 소와 부딪칠 뻔했다. 소는 음악이 신나지 않나 보다.

누가 내 등을 툭툭 쳤다. 돌아보니 뒷사람이 이렇게 말했다. "미안하지만 어느 나라에서 왔어?"

인도의 공식 질문이다. "호주." 내가 대답했다.

"아, 리키 폰팅." 그가 활짝 웃었다.

리키 폰팅은 예전 호주 크리켓 대표팀 주장이다. 이 역시 전형적인 반응이다. "맞아." 내가 웃으며 대꾸했다.

그 남자는 나를 가리키며 주변 사람들을 향해 고개를 끄덕였다. "리키 폰팅이래."

출발한 지 적어도 두 시간은 됐는데, 우린 아직도 복잡한 첸나이 도로에 발이 묶여 있었다. 타밀나두주 남쪽에 있는 주도, 마말라푸람 근처에도 못 갔다. 승객이 썰물처럼 빠져나갔다가 다시 찼다. 각계각층의 인

영국 런던, 여행하는 삶.

나미비아 나미브 사막의
쓸쓸한 고속도로.

도인이 덜컹거리는 낡은 버스에 올랐다가 사라졌다.

마침내 버스가 천천히 멈추어 서길래 기사를 쳐다보며 물었다. "마말라푸람?" 그는 고개를 가로젓더니 길거리로 풀쩍 뛰어내렸다.

내 뒤에 있던 남자가 내 어깨를 또 툭툭 쳤다. "고장이야. 당신도 내려야 돼."

승객들은 모두 고물차에서 내려 작은 가게 앞 그늘을 찾았다. 지나가던 사람들이 너도나도 버스 엔진에 몰려들어 고장 난 이유를 추측했다. 다시 한번 말하지만 시간은 탄력적이다. 버스가 다시 살아날 때까지 골 진 철판 지붕 아래에서 몇 시간을 기다려야 할 수도 있고, 몇 분 만에 해결될 수도 있다.

곧 엔진 주변에 모여 있던 사람들이 사라지고, 지붕 위에 실어놓은 거대한 채소 꾸러미도 내렸다. 승객들은 손을 흔들며 다른 버스를 잡기 시작했다. 인도인의 인내심이 대단하다는 속설도 옛말이다. 리키 폰팅 팬도 나에게 다가오더니 손가락으로 복잡한 도로를 가리켰다. "다른 버스 타야 해. 따라와, 도와줄게."

그리고 정말로 그는 나를 도와주었다. 얼마 안 가 삐걱거리는 낡은 버스 한 대가 우리 옆에 섰다. 지붕에는 채소 꾸러미가 가득 실려 있고, 차에 탄 사람들은 빈자리를 찾아 서로 밀쳤다.

오디오에서 발리우드 음악이 더 요란하게 울려 퍼졌고, 나를 빤히 쳐다보는 시선도 더 많았다. 확실히 서양인들은 이 버스를 잘 타지 않는 듯했다. 그리고 다시 말하지만, 그런 데는 다 이유가 있을 것이다.

온 세상은
나 홀로 여행객에게
열려 있다.

대신 이것만 생각하면 된다. 어떻게 돌아다닐 것
인가? 한 도시에서 다른 도시로, 한 나라에서 다른
나라로 어떻게 이동할 것인가? 최근에 도착한 이
곳을 어떻게 횡단할 것인가? 당신이 고르는 선택
지에 따라 여행의 종류가 달라질 것이다.

　내가 남부 인도에서 그랬던 것처럼 낡고 오래
된 버스를 탈 수도 있다. 버스는 당신이 원하는 곳
으로 빠르게 데려다주지는 못하겠지만, 다양한 이
야깃거리, 다양한 경험을 선사한다(가끔은 버스가
유일한 선택지일 때도 있다). 나 홀로 여행객에게
유효한 주요 이동 수단을 각각의 장단점과 함께
대강 정리했다. 잘 생각해보고 스스로 결정하자.

태국 서부 해안 카오락 근방.
섬 사이를 오가는 통통배.

자동차

자동차는 편리하다. 의심의 여지가 없다. 당신이 가고 싶은 바로 그곳으로 가장 편하게 데려다준다. 자동차 여행에 대한 로망도 있다. 하지만 나 홀로 여행객에게는 이상적이지 않다. 일단 자동차 렌트 비용이 혼자 감당하기에는 비싸다. 나눌 사람이 없다면 연료비도 문제다. 게다가 자동차는 사회적인 교통수단이 아니기에 다른 사람들을 만날 기회가 제한되어 세상에 혼자 남은 듯한 느낌을 줄 수도 있다.

버스

버스가 있다. 그래, 버스. 사람들을 실어 나르는 버스. 개발도상국에서 보게 될 낡고 덜컹거리는 버스. 네 바퀴 위에 다양한 이야깃거리를 싣고 다니는 알록달록한 버스. 버스는 보통 굉장히 싸고 굉장히 흥미롭다. 또 느리고 신뢰할 수 없으며, 고장이 자주 난다. 가고 싶은 곳에 갈 수는 있다. 하지만 그게 언제일지는 모른다.

주로 남아메리카에서, 가끔은 다른 나라에서도 볼 수 있는 값비싼 버스도 있다. 이 버스는 국제 항공사의 비즈니스 좌석과 비슷해서, 완전히 뒤로 젖히는 좌석과 웨이터 서비스를 자랑한다. 에어컨도 설치되어 있고 편안하다. 낡은 버스보다 가격은 비싸지만, 여행객이 감당할 수 있는 수준이다.

기차

일반적으로 기차가 버스보다 낫다. 더 빠르고 더 믿을 만하며 더 예측 가능하고 더 편안하다.

세계에서 가장 기억에 남는 여행도 기차와 관련된 것이다. 러시아 횡단 열차, 인도 밤 기차 여행, 노르웨이의 베르겐 선, 일본의 신칸센 초고속 열차까지.

또 기차는 사회적이다. 언제든 돌아다니며 사람들을 만나고 수다를 떨고 음식을 나눠 먹을 수 있다. 경제적이기도 하다. 특히 밤 기차의 경우 숙박비와 교통비를 하나로 묶을 수 있기 때문에 더 좋다. 덜컹거리는 기차 소리를 들으며 푹 자고 일어나면 새로운 목적지에서 눈을 뜰 수 있다.

기차의 유일한 단점은 때로는 비싼 경우가 있다는 것이다. 특히 유럽의 경우, 도시 간 기차표가 비행기 표보다 비쌀 수 있다. 표를 예매해두는 것, 여행객을 위한 할인권이 있는지 알아보는 것이 절약 비결이다.

오토바이/스쿠터

큰 소리로 웃어젖히고 싶고, 꽥꽥 소리를 지르고 싶고, 두 팔을 쫙 펴고 "내가 이 세상의 왕이다!"라고 외치고 싶을 것이다.

하지만 그러면 안 된다. 당신은 지금 시속 60킬로미터 구간에서 80킬로미터로 달리고 있으니 말이다. 복잡한 시칠리아 교통 때문에 발이 묶이지 않기 위해, 이 섬의 광기 어린 분위기에 스며들기 위해, 어디로 가는지 모르겠지만 최대한 빠른 속도로 필사적으로 움직이는 수많은 통근자 틈에서 헤매지 않기 위해, 당신은 스쿠터를 탔다.

시칠리아를 여행하기 위해 스쿠터를 타는 것만큼 좋은 방법이 있을까? 아니, 세상 구경을 하기에 스쿠터만큼 좋은 방법이 있을까? 사실 스쿠터를 타고 세계를 여행하는 게 내 오랜 꿈이었다. 스쿠터는 대담하며 숨김없고 간단하다. 모든 걸 느긋하게 받아들일 수 있게 해주지만 여전히 신나고 재미있다. 스쿠터에 올라타면 그냥 보기만 하는 게 아니다. 느끼고, 만지고, 그 안에서 숨 쉴 수 있다.

시칠리아는 스쿠터 모험을 시작하기에 가장 좋은 곳이다. 뜨거운 바람을 얼굴에 맞으며 양팔로는 햇볕을 즐길 수 있다. 옆으로는 에트나산이 스쳐 지나가고, 반대편으로는 짙은 파란색 지중해가 반짝인다. 그리고 눈 앞에는 탁 트인 길이 있다.

툭툭/릭샤/바자이/CNG

툭툭의 다양한 변형 버전도 있다. 툭툭은 많은 아시아 지역에서 운행하는 삼륜차로 머리가 쭈뼛해질 정도로 빠르게 차들 사이를 빠져나가는 걸로 유명하다. 태국과 캄보디아에서는 툭툭이라고 부르고, 인도와 스리랑카에서는 릭샤, 인도네시아에서는 바자이, 방글라데시에서는 (연료로 사용하는 천연가스 이름을 따서) CNG라고 부른다. 어느 지역에 가든 기본적으로 같은 경험을 하게 될 것이다. 거리에서 툭툭을 잡고 기사에게 어디로 갈지 말한다. 요금을 두고 격렬한 흥정을 벌인 뒤, 차에 올라타 손잡이를 꽉 잡으면 된다.

세상 구경을 하기에 스쿠터만큼
좋은 방법이 있을까?

툭툭은 빠르고 싸며 흥미롭다. 현지인들이 매일 어떻게 도시를 돌아다니는지 알 수 있기 때문에 제대로 된 문화적 경험도 선사한다. 하지만 때로는 번거로운 일이 생기기도 한다. 기사가 특별히 싸게 태워주겠다고 하고는 결국 사촌의 장신구 가게나 카펫 상점 같은 곳에 들르자고 꼬드길 수 있다. 그리고 딱히 안전하지는 않다. 그러나 나 홀로 여행객이라면 한 번쯤 타봐야 할 이동 수단이다.

배

배는 단순한 이동 수단 이상의 의미를 지닌다. 배를 타는 것 자체로 휴가 분위기가 나기 때문이다. 물론 연락선이나 수상 택시처럼 순전히 한 지점에서 다른 지점까지 이동하기 위해 만든 배도 많이 있다. 그러나 배 자체가 목적지가 되는 경우라면 말이 달라진다. 크로아티아나 터키 같은 곳에서 즐길 수 있는 크루즈 말이다. 배낭여행객이나 젊은 여행객은 모터 요트를 타고 실컷 술을 마시며 항해를 한다. 버스어바웃 Busabout, 톱 덱, G 어드벤처스 같은 회사에서 운영하는 제대로 된 파티 보트도 있다. 그런 곳은 좋은 동료를 만나고 (끔찍한 숙취 속에서) 관광하기에 가장 좋은 장소다. 전 세계에 특히 카리브해에 이런 크루즈가 많다. 배는 세상에서 가장 위대한 여정, 남극 여행을 위한 유일한 방법이기도 하다.

코끼리

코끼리는 타지 말자. 쿨하지 않다.

자전거

여행 중 자전거를 통해 얻을 수 있는 즐거움은 당신이 어디에 있는가, 당신이 어떤 종류의 사람인가에 따라 좌우된다. 고향에서 자전거 타기를 즐겼다면, 해외에서도 자전거 여행을 즐길 좋은 기회가 많다. 자전거는 관리 비용이 싸고 믿을 수 있으며 세상을 보는 완전히 새로운 시선을 선사한다.

당신이 만약 뭄바이에 있다면 자전거는 추천하지 않는다. 대신 이 두 바퀴 이동 수단을 조금 더 존중하는 도시, 이를테면 암스테르담, 코펜하겐, 스톡홀름같이 자전거를 많이 타는 도시에서는 시도해보자. 장거리 여행을 하는 동시에 제대로 된 현지 경험을 할 수 있을 것이다.

걷기

걷는 건 도시를 돌아다니기에 가장 싸면서 단순하고 쉬운 방법이다. 게다가 모든 걸 빠짐없이 둘러볼 수 있고, 보통 때라면 가지 않는 곳까지 갈 수 있다. 그 도시 안에서 숨 쉴 수 있고, 도시를 맛볼 수 있다. 리듬을 타고 그 흐름에 빠져들면 된다. 유일하게 걷는 걸 말리고 싶은 때는 특정 지역의 밤이다. 싸게 관광하는 것도 좋지만 안전이 훨씬 더 중요하지 않은가.

비행기

나 홀로 여행을 한다면 어딘가로 비행기를 타고 갈 가능성이 크다. 하지만 비행이 여행 중 하이라이트가 되지는 못할 것이다. 비행기는 빠르고 실용적이다. 대신 비싸고 환경에 굉장히 안 좋은 영향을 준다. 또 새로운 사람을 만날 기회가 거의 없다. 그러니 비행기는 최소한만 이용하자.

| 7 장 |

혼자서 떠나기에
이보다 좋을 수 없는
도시 10

아름다운 리스본

당신이 원하는 곳이라면
어디든 갈 수 있다.

이는 늘 가슴에 품고 있어야 할 사실이다. 전 세계는 나 홀로 여행객에게 열려 있다. 살아남지 못할 곳이 없고, 즐길 게 없는 곳도 없다. 당신이 머물 곳, 당신을 도와줄 사람만 있을 뿐이다.

그러나 그중에서도 나 홀로 여행에 더 적합한 여행지가 있기는 하다. 안전하고 우호적인 곳이면서 관심사가 같은 사람들, 함께 뭉칠 동료 여행객이 많은 곳 말이다. 이런 도시에서는 마음만 먹으면 언제든 동료를 만날 수 있다. 물론 혼자 다녀도 충분히 안전하고 편안하다. 즉 앞으로 소개할 도시는 나 홀로 모험을 하기에 완벽한 곳이라 할 수 있다.

대도시 뉴욕의
화려한 광고판.

시드니 본다이 해변에서
파도를 타는 서퍼들.

도쿄

TOKYO

도쿄의 밤에는
끊임없는 모험이
펼쳐진다.

세상에
도쿄 같은 곳은
또 없다.

세상 그 어느 곳에도 이렇게 익명성을 존중하면서 동시에 친절한 천성을 갖춘 곳은 없다. 얼핏 보면 무척 거대하고 그래서 겁이 나지만, 일단 발을 들이고 보면 도쿄만큼 안전감이 느껴지는 곳은 그 어디에도 없다.

도쿄는 굉장하다. 끊임없이 놀라게 하고 충격을 주는 힘을 지니고 있다. 어떤 기분, 어떤 욕망, 어떤 페티시를 지닌 사람도 만족시킬 수 있다. 책을 읽고 고양이를 쓰다듬으며 오후를 보내고 싶다면? 도쿄에서는 할 수 있다. 야구공도 좀 치고 핀볼 게임도 하고 싶다면? 도쿄에서는 할 수 있다. 지저분한 SM 클럽에 가서 가죽옷 입은 여성에게 회초리로 엉덩이를 맞는 직장인을 보고 싶다고? 뭐, 그런 것도 일본에서는 할 수 있다. 도쿄는 끝없는 가능성의 도시로, 모든 인간이 온갖 기행과 판타지, 욕구를 표현하는 것을 허락한다.

일본의 수도는 어떤 타입의 여행객에게든 이상적이다. 하지만 특히 혼자 세계를 여행하는 사람에게는 더없이 좋다. 일본의 역사, 현대 문화, 셀 수 없는 명소와 액티비티 등 도쿄의 인기 요인 중에서도, 풋내기나 홀로 여행객의 마음을 움직이는 가장 큰 매력은 바로 안전이다. 도쿄는 전 세계에서 가장 낮은 범죄율을 자랑한다. 가끔 네온사인과 유리창으로 가득한 이름 없는 거리가 복잡한 거미줄처럼 느껴질 수도 있지만, 그곳에도 여러분을 도와줄 사람은 언제나 존재한다.

도시의 방대한 규모는 굳이 과장할 필요가 없다. 도쿄도에는 시가지만 계산했을 때 거의 1천4백만 명이 살고 있으며, 요코하마나 가와사키 같은 인접 도시까지 포함하면 인구는 3천8백만에 육박한다. 수도권 인구가 캐나다나 호주 인구보다 더 많다.

여행 중 눈에 띄는 게 걱정이라면, 나 홀로 여행객이라는 걸 들키고 싶지 않다면, 걱정할 필요 없다. 도쿄에서는 전혀 눈에 띄지 않는다. 완전한 익명으로 지낼 수 있다. 성격이 특이해도 괜찮고 내성적이어도 상관없다. 도쿄에서는 무엇이든 할 수 있고 누구든 될 수 있다. 그곳 사람들은 당신에게 손톱만큼도 관심을 가지지 않는다. 도시는 그저 끊임없이 움직일 뿐이다.

도쿄에서는 결코 할 일이 없어 심심할 수가 없다. 24시간 돌아가는 곳이기 때문에 놀랄 일이 끊이지 않기 때문이다. 낮 동안 도쿄는 믿을 수 없을 정도로 많은 관광 명소와 명물을 제공한다.

도시의 역사에 한 걸음 다가갈 수도 있다. 저층 건물들 사이에 높이 솟은 아사쿠사 사원에서는 에도 시대의 정취를 느낄 수 있고, 전통 의복을 입은 인력거꾼이 직접 끄는 구식 인력거에 타볼 수도 있다. 도쿄도 정원 미술관에 자리 잡은 찻집에서는 장식이 화려한 일본 과자인 화과자를 먹고 말차를 마실 수 있다. 도쿄 전 지역에 퍼져 있는 온천을 방문하는 것도 좋고, 옛 황궁을 거닐어보는 것도 좋다. 도쿄는 낮 동안 현대적 의미의 관광에 몰두하기에도 가장 좋은 곳이다. 신주쿠에서는 옷을 쇼핑하고, 모리 타워 53층에 위치한 모리 미술관에서는 도쿄 풍경을 즐길 수 있다. 시부야와 시모키타자와에서 빈티지 의류 숍이나 레코드 상점을 방문할 수도 있다.

하지만 도쿄의 진면목을 경험하려면 아직 멀었다. 제대로 된 도쿄를 경험하려면 해가 질 때까지 기다려야 한다. 일본의 소설가 무라카미 하루키는 이렇게 썼다. '한밤중에 시간은 특별한 방식으로 흐른다.' 이 말이 도쿄만큼 잘 맞아떨어지는 곳도 없을 것이다. 도쿄의 저녁은 맥주와 사케에 취해 몽롱한 상태로 그냥 사라질 수 있다. 혼자 술을 마시기 시작했는데, 정신을 차리고 보면 수많은 새 친구와 동료, 당신을 보호해주고 당신이 좋은 시간을 보낼 수 있게 최선을 다하는 사람들에게 둘러싸인 채 술자리를 끝낼 수 있다. 물론 맛있는 음식을 먹고 혼자서 시간을 즐기면 나른하고 느린 저녁을 즐길 수도 있다. 하지만 도쿄의 저녁을 있는 그대로 받아들이면, 시간은 그냥 사라져버릴 것이다. 그리고 예전에는 미처 생각지도 못했고 알지도 못했던 곳으로 당신을 데려갈 것이다.

도쿄의 즐거운 밤 생활을 만끽하기 위해 특정 음식점을 꼽거나 몇몇 술집의 이름만 거론하거나, 한 가지 경험만 고르는 것은 거의 불가능하다. 이런 거대한 도시에서는 차라리 당신의 기분에 잘 어울리는 지역을 선택해서 해가 뜰 때까지 그곳을 탐방하는 것이 더 낫다. 그 지역은 향락가로 악명 높은 롯폰기가 될 수도 있고, 쇼핑객이나 게이머들의 천국 시부야가 될 수도 있다. '덕후'들에게 인기 있는 아키하바라, 비즈니스맨이 주로 찾는 긴자, 힙스터들의 천국 시모키타자와도 있다. 어두워지면 이 모든 곳이 각각의 특별한 분위기, 특별한 매력, 특별한 사람들을 품는다.

그리고 이 모든 것 중 최고는 안전망이다. 도쿄의 좀도둑 발생률은 세계 주요 도시 중 최하위권이다. 사실 도쿄는 〈이코노미스트〉의 '2017년 안전한 도시 지수' 1위에 오르기도 했다. 강력 범죄도 드물어서 가지 말아야 할 지역이 거의 없다. 도쿄의 나 홀로 여행객은 평소보다 새로운 사람들을 만나고 새로운 일을 할 기회가 더 많이 생길 것이다. 도쿄가 여러분 편이라는 걸 깨닫는다면 이 놀랍고 신기하고 당혹스러운 도시에 푹 빠져버릴 것이다. 세상에 이런 도시는 또 없다.

언제 갈까

도쿄는 일 년 내내 좋은 여행지지만, 매년 벚꽃이 피는 봄과 단풍이 지는 가을에 (일본인들이 열광하는) 연례행사가 있으므로, 3월에서 5월, 그리고 10월에서 12월에 방문하는 것이 가장 좋다. 벚꽃 축제인 하나미는 4월쯤 열린다. 이때 황홀할 만큼 아름다운 벚꽃이 피는데, 현지인들은 매일같이 공원에 모여 먹고 마시고 꽃 사진을 찍는다. 다른 주요 축제, 5월에 열리는 간다 마쓰리에서는 온 도시에서 활기 넘치는 축하 행사를 벌이며, 같은 5월 축제인 아사쿠사 산자 마쓰리도 굉장히 큰 종교 축제로 수백만 명이 참여한다. 6월 산노 마쓰리는 퍼레이드로 유명하므로 방문 날짜를 맞춰보는 것도 좋다.

도쿄는 굉장하다.
끊임없이 충격과 놀라움을 주는
힘이 있다.

◀ 아사쿠사의 센소지.
▲ 벚꽃은 봄의 하이라이트다.
▼ 도쿄도 정원 미술관 바깥에 있는 정원.
▶ 53층 모리 미술관에서 본 풍경.

어디서 지낼까

대도시답게 도쿄는 스타일에서부터 가격까지 어마어마하게 다양한 숙박 시설을 자랑한다. 서양 스타일 호스텔부터 일본 전통 여관과 게스트하우스에 해당하는 료칸, 민박 형태의 호텔도 있다. 아파트 렌털, 캡슐 호텔, 사용 시간에 따라 돈을 내는 러브호텔, 심지어 개인 룸의 소파에서 잠을 잘 수도 있는 만화 카페도 있다. 나 홀로 여행객의 경우, 물가 높기로 악명 높은 이 도시에서 비용도 절약하고 사람들과 어울리려면 호스텔을 이용하는 것이 최선이다. 아사쿠사 같은 전통적인 교외나 시부야 같은 교통 허브를 이용하자.

레트로메트로 백패커스 レトロメトロバックパッカーズ, 아사쿠사 浅草

도쿄를 처음 방문한다면 역사적인 아사쿠사가 최고의 숙소가 되어줄 것이다. 걸어서 절이나 멋진 음식점에 갈 수도 있고, 에도 시대 건물로 가득한 거리를 돌아다닐 수도 있으며, 전통적인 공예품부터 일본 음식 모형까지 온갖 물건을 쇼핑할 수도 있다. 레트로메트로는 원래 일본 전통 가옥이나 철물을 파는 가게였는데, 작고 친숙한 호스텔로 개조했다. 여행을 굉장히 좋아하는 호스트는 손님들과 친근하게 지낼 뿐 아니라 손님들끼리 소개해주기도 한다.

2-19-1 Nishiasakusa, Taito-ku

www.retrometrobackpackers.com

턴테이블 호스텔 ターンテーブルホステル, 시부야 渋谷

호스텔에서 지내며 약간의 평화와 한산함, 세련된 느낌을 즐기고 싶은 사람, 더불어 돌아나가기만 하면 만날 수 있는 시부야의 광기도 놓치고 싶지 않은 사람에게 이곳만큼 좋은 위치도 없다. 턴테이블은 1인실이 열 개에 공용 숙소는 몇 개뿐이라 호스텔보다 부티크 호텔 같은 느낌이 많이 난다. 주인장이 시코쿠의 도쿠시마현 출신이라, 도쿄뿐만 아니라 일본 남부의 소도시에 대해서도 많은 걸 배울 수 있다. 이를테면 아침 식사로 제공하는 모든 음식의 원산지가 도쿠시마다.

10-3 Shinsencho, Shibuya-ku

www.turn-table-hostel-jp.book.direct

도쿄는
스타일에서부터 가격까지
어마어마하게 다양한
숙박 시설을 자랑한다.

▶ 도쿄의 지평선 너머로 후지산이 보인다.
▲ 가게 제품을 홍보하는 등.
▼ 전통적인 일본 샌들, 게타.

복고양이 '마네키네코'는
일본의 오래된 상징이다.

어디서 먹을까

도쿄에서는 식사하기에 적당하지 않은 곳이 거의 없다고 봐도 무관하다. 가장 비싸게는 미슐랭 3 스타 고급 식당부터 가장 싼 편의점 음식까지, 일본의 수도에서 먹는 거의 모든 음식은 정성스럽게 준비되어 있다. 스시만 언급하지 않겠다. 현지 음식은 스시 외에도 굉장히 다양하다. 라멘, 덴푸라, 오코노미야키, 돈가스 등등. 그리고 고를 수 있는 가격대도 매우 다양하다. 한 끼 식사로 천 엔을 낼 수도, 오만 엔을 낼 수도 있다.

나 홀로 여행객의 경우 간혹 어려움을 겪을 수도 있다. 많은 음식점의 좌석이 매우 제한되어 있고, 최고급 레스토랑의 경우 1인 예약은 기피하기 때문이다. 하지만 다행스럽게도 지하철역이나 쇼핑센터에 있는 라멘 가게, 이자카야, 격식을 차리지 않는 일반 음식점에는 아무 걱정 없이 들어갈 수 있다. 다른 사람들도 대개 이렇게 한다.

아후리 Afuri, 에비스 恵比寿

이 대중적인 라멘 가게는 여러 개의 분점을 두고 있다. 가격은 싸고, 서비스는 캐주얼하며, 라멘은 놀랍도록 맛있다. 가게 앞에 있는 자판기에서 간단하게 주문해 티켓을 받고 카운터 앞 높은 의자에 자리를 잡은 뒤, 가까이 있는 주방장에게 티켓을 내면 된다. 얼마 안 가 김이 폴폴 나는 라멘 그릇을 받아들게 되는데, 유자로 향을 낸 진한 육수에 돼지고기와 면이 듬뿍 들어 있다. 아후리는 비건 라멘을 먹기에도 좋다.

1-1-7 Ebisu, Shibuya-ku

www.afuri.com

후쿠 ふく, 요요기우에하라 代々木上原

작은 나무 꼬치에 닭고기를 끼워 구운 요리, 야키토리가 이렇게나 맛있을 줄은 상상도 못했을 것이다. 하지만 정말 맛있다. 후쿠는 시부야 역에서 몇 정거장만 가면 있는 조그맣고 친근한 음식점으로, 야키토리를 한 단계 높은 경지로 끌어올렸다. 구운 닭고기만

있는 게 아니다. 치즈로 속을 채운 고추, 베
이컨으로 감싼 팽이버섯, 구운 홋카이도 감
자도 먹어보라. 모두 믿을 수 없을 정도로 맛
있다. 후쿠는 매장 문을 여는 오후 5시 30분
에는 예약을 받으며 8시경부터는 (혼밥족을
포함해) 편하게 방문할 수 있다.

3-23-4 Nishihara, Shibuya-ku

> www.sumibikushiyakifuku.com

히로키^{HIROKI}, **시모키타자와**^{下北沢}

트렌디한 시모키타자와 거리에는 작은 술
집, 카페, 음식점, 이자카야가 줄지어 들어
서 있는데, 밤에는 굉장히 붐비지만, 낮에는
간단하게 한 끼를 해결하기에 좋다. 가장 맛
있고 싼 가게는 히로키인데, 히로시마식 오
코노미야키로 인기를 얻고 있는 곳이다. 가
늘게 채 썬 양배추, 면을 팬에 잔뜩 볶은 뒤,
당신의 선택에 따라 베이컨, 가리비, 새우,

이렇게 음식에 집착하는 도시에서는
먹을 게 부족할 일이 없다.

굴 소스를 첨가한다. 맥주 한잔과 함께 한 끼를 즐기고 나면 이만한 점심 식사가 없다고 생각할 것이다.

2-14-14 Kitazawa, Setagaya-ku

> www.teppan-hiroki.com

산주고단야 三十五段屋, 시부야
이자카야에서라면 도쿄의 나 홀로 여행객 누구나 즐겁게 보낼 수 있다. 이 부담 없고 친근한 술집은 도시 전역에 퍼져 있다. 맛있고 싼 음식을 팔고 늦게까지 영업을 할 뿐만 아니라, 예약하지 않고 찾아온 손님이나 혼밥족을 환영한다. 이자카야에서는 친구도 쉽게 사귈 수 있다. 술에 취한 직장인 한두 명이 어김없이 말을 걸어오기 때문이다. 편안한 분위기와 맛있는 음식, 두 마리 토끼를 잡고 싶다면 산주고단야를 방문해보자. 북적거리는 시부야 지하상가에 위치한 이자카야로 음식이 상당히 맛있고 직원들도 굉장히 재미있다.

1-1 Maruyamacho, Shibuya-ku

> +81-3-3770-9835

어디서 마실까

도쿄는 유흥에 열정을 쏟는 곳으로, 24시간 돌아간다. 오락실이나 만화 카페에서 밤새도록 놀 수도 있고, 롯폰기나 가부키초 같은 홍등가를 탐색하며 도쿄의 지저분한 이면에 빠져볼 수도 있다. 라이브 밴드 공연을 보거나 맛있는 음식을 먹을 수도, 작은 위스키 바에 몸을 숨길 수도 있고, 이 모든 걸 다 경험할 수도 있다. 당신의 취향이 무엇이든 도쿄는 혼자 놀기에 최적화되어 있으며 굉장히 안전하고 친근하다. 어디에서 무슨 경험을 하든 잠깐 즐기기에 좋다.

이 거대한 도시의 수많은 선택지를 두세 군데 술집만으로 한정하기보다는, 나 홀로 여행객이 선택할 만한 서로 다른 스타일의 유흥 몇 가지를 자세히 소개해보겠다.

라이브 하우스

도쿄는 라이브 뮤직이 인기를 얻고 있지만, 공연장을 발견하기는 쉽지 않다. 많은 라이브 하우스가 한번도 들어본 적 없을 밴드와 손잡고 지하에 자리 잡고 있거나, 숱하게 그 옆을 지나면서도 알아채지 못할 정도로 출입구가 평범하기 때문이다. 그러나 온라인으로 조금만 검색해보면 하루에만 수백 개의 공연을 찾을 수 있다. 라운지 스타일 재즈부터 하드코어 펑크, 하위문화 J-팝부터 최신 유행 얼터너티브 잼까지 장르도 다양하다. 신주쿠 외곽, 시모키타자와, 시부야, 고엔지高円寺 등이 공연 관람을 시작하기에 좋은 곳이다.

www.timeout.com

www.japantimes.co.jp

스탠딩 바

도쿄에는 특별한 스타일의 술집이 있다. 혼자 술을 마시는 사람뿐 아니라 예산이 빠듯한 사람에게도 최적의 장소, 가장 싸고 편하게 술을 마실 수 있는 곳, 바로 스탠딩 바, 다치노미효ぅ飲みた다. 이름에서도 알 수 있듯 스탠딩 바에는 좌석이 전혀 없다. 손님들은 모두 높은 탁자 옆에 서서 싼 술을 마시고 싼 음식을 먹는다. 시끌벅적하고 편안한 술집이라, 손님들은 오래 머물기보다는 잠깐

당신의 취향이 어떻든 도쿄는 혼자 놀기에 최고다.

이자카야에서 주문할 준비를 하는 손님들. ▲
일본의 편의점은 현지 맥주를 즐기기에 싸면서도 훌륭한 곳이다. ▼

즐기고 간다. 술을 빨리 마시고 수다를 떨다가 다시 제 갈 길을 가는 거다. 신주쿠 서쪽에 있는 나카노 지역, 그중에서도 나카노 브로드웨이中野ブロードウェイ라고 알려진 거리에는 멋진 현지 다치노미가 여럿 있다.

위스키 바

일본은 최근 위스키로 유명해졌다. 여러 국제적인 상을 타기도 하고, 종종 품절이 되기도 한다. 일본에서 특히 도쿄에서는 위스키를 마시는 문화가 크게 유행하고 있기 때문에, 주로 위스키만 판매하는 스모키 바를 쉽게 찾을 수 있다. 종종 카운터 옆 높은 의자에 앉아 세상 구경을 하는 것이 나 홀로 여행객에게는 완벽한 즐거움이 될 수 있다. 세심하게 고른 음악과 훌륭한 위스키를 같이 즐기고 싶다면 에비스에 있는 바 마사martha-records.com에, 재즈를 들으며 술을 마시고 싶다면 시부야의 JBS 1-17-10 Dogenzaka 에 들러보자.

무엇을 할까

여행을 무엇으로 시작하고 무엇으로 끝내야 할까? 전통적인 것부터 현대적인 것까지, 기이한 것부터 건전한 것까지 도쿄에서는 할 일이 너무 많다. 그래서 수많은 경험 중 네 가지를 고르는 게 쉽지 않았다. 하지만 여기서 소개한 팁은 이 어마어마한 도시의 다양한 경험을 골고루 보여준다. 특히 나 홀로 여행객이라면 좋아할 만한 곳이다. 새로운 동료를 만나는 데 관심이 큰 사람이든 혼자서 뭔가를 하는 게 즐거운 사람이든 상관없이 말이다.

히스이 밧토 HiSUi 拔刀 클래스

'밧토'라는 단어가 흥미롭게 들리지 않을 것이다. 그럼 번역을 해보자. 칼싸움 클래스. 이제 좀 흥미로워졌는가? 히스이는 긴자의 상업 지구에 있는 조그만 스튜디오로, 게임을 하러 온 사람들에게 입문용 칼싸움을 가르친다. 간단한 수업만으로 전문가에게 칼휘두르는 법, 제대로 된 자세 취하는 법, 말아놓은 대나무 깔개를 반으로 자르는 법 등을 배울 수 있다. 모든 동작이 정교하며 의미가 있다. 정말 환상적이다.

4-3-13 Ginza, Chuo-ku

en.hisui-tokyo.com

레코드 가게 탐방

음악 애호가들은 기뻐하라. 도쿄는 음악에 상당한 열정이 있는 도시이며 올드한 것과 키치적인 것을 모두 사랑하기 때문에 레코드 가게가 수백 개에 이른다. CD, 카세트, 레코드판, 액세서리, 재고품 등을 판매한다. 신주쿠와 시부야의 레코드 가게만 돌아다녀도 며칠이 걸리기 때문에 지루할 틈이 없다. 우선 디스크 유니온 Disk Union, 타워 레코드, HMV 같은 초대형 상점부터 시작해, 몇 가지 장르만 특화해서 다루는 작은 상점으로 내려오면 된다.

www.timeout.com

안테나 스토어

일본에 가면 일본인들이 각 지역의 차이점에 얼마나 집착하는지 금방 깨닫게 된다. 특히 음식의 경우 더 심하다. 최고의 유제품은 홋카이도에서 나온다. 최고의 감귤류는 나가노, 최고의 두부는 간사이 것을 쳐준다.

일본의 각 현에 대해 더 많이 알고 싶고 어 떤 농산품이 확인하고 싶으면 특정 지역의 음식과 공예품을 전문적으로 파는 안테나 스토어에 가보자. 긴자에는 특히 니가타, 홋 카이도, 나가노 외에도 많은 안테나 스토어 가 들어와 있다. 도쿄를 벗어나지 않고도 일 본 전국을 투어할 수 있는 셈이다.

www.bento.com/r-antenna.html

신주쿠 나이트 투어
신주쿠는 밤이 되면 무서운 짐승으로 변하 는 듯하다. 네온사인 눈과 유리와 강철 턱

이 있는 괴물, 〈블레이드 러너〉를 도시의 모 습으로 표현한 것 같다. 가부키초의 북적이 는 홍등가, 금방이라도 무너질 것 같은 조그 만 술집으로 가득한 골든가이, 커다란 광고 판과 번쩍이는 불빛이 가득한 대로. 다른 말 로 하면 이곳은 무척이나 거대해서 가이드 가 필요하다. 그 해답은 어번 어드벤처스에 있다. 여기서 '간파이 도쿄 Kanpai Tokyo'라는 신주쿠 나이트 투어를 운영하기 때문이다. 가이드가 있어 혼자 감당하기에는 벅찬 이 지역의 친근한 구석구석을 볼 수 있고, 동료 여행객을 만날 기회를 얻을 수도 있다.

www.urbanadventures.com

한밤중 신주쿠 거리의 모습.

뉴욕

NEW YORK CITY

브루클린을
탐험할 준비가 됐다.

뉴욕과 관련해서는
성가신 문제가 하나 있다.

뉴욕에 사는 사람들, 이곳을 집이라고 부르는 사람들은 빅 애플, 바로 뉴욕을 우주의 중심이라고 생각하는 것 같다. 뉴욕에서 일어난 일이 아니라면 중요하지도 않고, 뉴욕에서 셀럽이 아니면 어디에 가서도 아니라고 생각한다. 이게 바로 뉴욕 시민들의 태도다. 어쩌다 뉴욕 아닌 곳에서 사는 사람들로서는 바로 이런 점이 살짝 거슬릴 수 있다.

하지만 가장 성가신 문제는 이게 아니다. 제일 짜증 나는 건 일단 뉴욕시에 가보면 이 사람들 생각이 전적으로 옳다는 걸 깨닫게 된다는 사실이다. 이곳은 우주의 중심이 맞다. 아니면 적어도 이곳에 있을 때만큼은 그런 느낌이 든다.

뉴욕에서는 수많은 일이 일어난다. 볼 것도 엄청 많고, 할 것도 엄청 많고, 흥미롭고 신나는 것들이 너무 많다. 온갖 영화나 TV 프로그램에 등장해서 낯익은 요소도 많을뿐더러, 아직 알려지지 않아 숨은 채 발견되길 기다리는 곳 또한 무척 많다. 이처럼 이 도시는 다양한 면모를 뽐낸다. 예술의 중심지, 고급 레스토랑 밀집지, 힙스터들의 안식처, 단체 관광 핫 스폿, 패션 리더까지. 그리고 그 모든 것이 편하게 균형을 이룬다. 뉴욕에 오면 마음 맞는 친구, 여러분의 관심을 끄는 사람이나 장소를 어김없이 찾을 수 있다. 바로 이곳이 우주의 중심이기 때문이다.

뉴욕은 나 홀로 여행객에게 이상적인 곳이다. (험악한 1970년대와 1980년대 이후 문제점을 말끔하게 해결했기 때문에) 도시의 보안을 만끽할 수 있을 뿐 아니라, 너무나 손쉽게 돌아다니고 구경할 수 있기 때문이다. 명성이 자자한 지하철 시스템은 처음에는 길을 찾아가기가 쉽지 않을 수 있지만, 보통은 여러분을 원하는 곳에 데려다줄 것이다. 게다가 페리와 버스도 있고, 그것도 안 되면 어디에나 노란 택시가 있다. 길을 가다 "이봐요! 나 지나가고 있잖아요!" 같은 소리를 들을 수도 있겠지만, 뉴요커는 놀라울 정도로 잘 도와준다. 당신이 길을 잃었더라도 아마 흔쾌히 도와줄 것이다. 어쨌든 이 도시는 이민자, 이곳을 떠난 적이 없는 휴가객, 꿈을 좇는 사람, 꿈속에서 사는 사람의 도시이기 때문에, 대부분의 뉴요커는 뉴욕에서 길을 잃고 당황하는 게 어떤 느낌인지 잘 알고 있다.

이곳에서는 당신이 마음만 먹으면 언제라도 동료를 만들 수 있다. 어딜 가도 초보 여행객을 도와줄 길동무가 있다. 뉴요커는 새로운 사람 만나는 걸 좋아한다.

게다가 서먹한 분위기를 깨고 싶다면, 당신에겐 마음껏 쓸 수 있고 실패할 염려도 없는 비장의 무기, 외국 억양이 있다. 일단 아무 말이나 하면 사람들은 곧장 흥미를 보일 것이다. 바에서 마실 걸 주문해도 누군가 당신을 주목할 것이고, 영화관이나 극장에서 티켓을 사기만 해도 누군가 말을 걸어올 것이다. 뉴요커는 확실히 바쁘다. 그래서 바보들에게 관대하지 않다. 하지만 그렇다고 해서 편한 자리에서 나누는 친근한 수다까지 피할 거라는 뜻은 아니다.

뉴욕에서는 혼자서 외출해도 백 퍼센트 문제없다. 혼자 테이블에 앉아 식사한다고 해도 쳐다볼 사람은 아무도 없다. 바에서 와인 한 잔과 책 한 권을 놓고 앉아 있어도 누구 하나 흘깃 쳐다보지 않는다. 무엇이든 할 수 있다는 사고방식이 보편화된 도시이기 때문에, 주민들 틈에 혼자 끼어 있어도 아무 문제 없이 밖으로 나가 그곳에서 제공하는 모든 것을 즐길 수 있다. 홀로 여행한다고 해도 절대 눈에 띄지 않을 것이다. 오히려 사람들 틈에 섞이기 더 좋다.

뉴욕에서는 지정된 날짜에 당신이 탐닉하고 싶은 장르를 골라서, 도시의 여러 장소를 돌아다니며 다른 뉴요커처럼 열정적으로 그 장르에 깊이 빠져들 수 있다. 그 장르가 미술이라면 이 미술관, 저 미술관을 돌며 투어를 할 수 있다. 뉴욕 현대미술관에서 명작을 감상하고 47 캐널[47] Canal에서는 재능 있는 신인 작가를 발견할 수 있다. 음악을 예로 들면, 센트럴 파크의 길거리 연주에서 시작해 브루클린의 작은 공연장, 맨해튼의 스타디움까지 구경할 수 있다. 스포츠 팬이라면 양키 스타디움이나 매디슨 스퀘어 가든으로 가면 된다. 그 장르가 음식이 될 수도 있다. 휴, 알다시피 뉴욕은 온갖 음식이 다 있다. 온 세계의 식품, 뉴욕이 흡수한 모든 문화의 먹거리가 있다. 러시아 스타일 식료품점부터 쿠바 샌드위치, 멕시코 타코 가판대, 뜨거운 물에 담가놓은 소시지로 만든 핫도그, 지금까지 먹어본 것 중 가장 맛있는 조각 피자까지.

뉴욕은 만화경이자 서커스다. 파티며 놀이터다. 절대 잠들지 않는 도시이기도 하지만, 결코 변화를 멈추지 않는 도시, 쉬지 않고 새로운 모습을 보여주는 도시, 끊임없이 혁신하는 도시, 또는 그냥 저질러보는, 아무도 시도하려고 생각조차 하지 않은 것을 해보는 도시다. 뉴욕에 있으면 그야말로 우주의 중심에 서 있는 듯한 기분이 든다.

뉴욕은 만화경이자 서커스다.
파티며 놀이터다.

▲ 맨해튼의 유명한 스카이라인.
◀ 브루클린 다리 근처에서의 휴식 시간.

언제 갈까

뉴욕을 방문하기에 좋은 조용한 때를 찾기란 쉽지 않을 것이다. 뉴욕에서는 언제나 무슨 일이 벌어지고 있기 때문이다. 크리스마스에 뉴욕에 있으면 어마어마한 시간을 보낼 수 있다. 록펠러 센터에서 스케이트를 탈 수도 있고, 건물을 장식한 조명도 볼 수 있다. 그러나 여름이야말로 제대로 축제 시즌이 시작되는 때다. 가장 따뜻한 시기(6~8월)에 셰익스피어 축제(센트럴 파크에서 열리는 야외 연극 공연), 한 거리에 있는 미술관과 박물관이 동시에 파티를 여는 뮤지엄 마일 페스티벌, NYC 프라이드, 서머 스테이지라 불리는 무료 야외 미술 축제, 영화 축제, 댄스 뮤직 축제 등 굉장히 다양한 축제가 열린다.

◀ 뉴욕에는 모퉁이마다 피자 가게가 있는 것 같다.
▶ 거리의 예술가들은 이 도시를 사랑한다.

어디서 지낼까

당연히 뉴욕엔 없는 게 없다. 5성급 럭셔리 호텔부터 빈대가 득실대는 하숙집, 부티크 호텔, 호스텔도 있고, 그 사이에 아파트나 임대주택도 있다. 맨해튼의 업타운, 미드타운, 다운타운에서 묵을 수도 있고, 그리니치 빌리지, 소호 같은 지역에서 지낼 수도 있다. 또는 머물면서 구경하기에 더 모험적인 곳도 좋다. 이를테면 힙스터들의 거주지인 브루클린의 윌리엄스버그Williamsburg 같은 곳, 또는 뉴욕의 많은 지역 중에서도 문화적으로 가장 다양한 곳일지 모를 퀸스Queens 같은 곳말이다. 다시 맨해튼으로 돌아와서, 한때 거친 공장 지대였던 미트패킹 디스트릭트Meatpacking District가 밤에 놀기 좋은 유흥 중심지가 되었다. 뉴욕 아프리카 아메리칸 커뮤니티의 전통적인 핵심부인 할렘도 있다. 도시가 워낙 거대하다 보니, 방문해보고 흥미를 자극하는 지역을 찾아낸 뒤 직접 정해보는 것도 의미 있을 것이다.

Q4 호텔Q4 Hotel, 퀸스

퀸스는 굉장히 매력적인 곳이다. 한 블록에서 다른 블록으로 넘어갈 때마다 아예 새로운 나라로 옮겨 가는 듯한 느낌이 든다. 게다가 세계의 모든 문화가 레스토랑, 식료품점, 바, 비어 가든의 형태로 존재감을 드러내고 있는 듯하다. 퀸스는 맨해튼의 어퍼 이스트 사이드Upper East Side에서 강만 건너면 되는 곳이기 때문에 돈을 아끼고 싶어 하는 관광객들에게 이상적인 근거지가 되어준다. Q4 호텔은 퀸스 중앙에 있는 호스텔로 혼성, 동성 방이 아주 많고 욕실이 딸린 개인

룸도 있다. 부엌, 게임방, 영화방 같은 공용 공간도 충분하다.

29-09 Queens Plaza N, Long Island City

www.q4hotel.com

재즈 온 더 파크Jazz on the Park, 어퍼 웨스트 사이드Upper West Side

맨해튼의 어퍼 웨스트 사이드는 부유하기로도 유명하고, 센트럴 파크, 리버사이드 파크와 접해 있기 때문에 관광객들에게 매력적

인 곳으로도 유명하다. 이곳은 일류 박물관과 극장이 위치해, 밤낮으로 산책하기에 더할 나위 없다. 여기엔 뉴욕 최고의 호스텔 중 하나이자 나 홀로 여행객을 위한 최고의 장소, 재즈 온 더 파크도 있다. 이 호스텔은 이름에서 말해주듯이 센트럴 파크와 지척에 있으며, 굉장히 친화적인 분위기를 자랑한다. 특히 여름에는 스태프가 바비큐를 제공하기도 하고, 술집 순례 팀을 짜주기도 한다. 그중에서도 가장 좋은 건 실제로는 재즈를 그렇게 많이 틀지 않는다는 것이다.

36 W 106th St, New York

www.jazzhostels.com

**거리 미술 작품이
윌리엄스버그 벽을 장식하고 있다.**

**맨해튼 다리,
뉴욕에서 가장 중요한 구조물 중 하나다.**

어디서 먹을까

뉴욕은 늘 국제적인 먹거리의 장으로 유명한 만큼 웬만한 요리는 다 찾을 수 있다. 베이글, 파스트라미, 훈제 연어, 블린츠, 피클 같은 유대인 음식뿐 아니라, 코리아타운에 가면 맛있는 코리안 바비큐를, 부시윅Bushwick에 가면 멕시코와 푸에르토리코 음식을, 그리니치 빌리지Greenwich Village에 가면 이탈리아 음식을, 할렘 지역에 가면 아프리칸 아메리칸이나 인도 서부 음식을, 플랫부시Flatbush에 가면 자메이카와 크리올 음식을, 그린포인트Greenpoint에 가면 폴란드 음식을 맛볼 수 있다. 그런 다음 진정한 '뉴욕'의 음식을 먹어보자. 뉴욕 치즈 케이크, 뉴욕 스타일 핫도그, 뉴욕 피자 등등. 뉴욕에서는 배고플 일이 없다.

다행히 이곳에서도 '혼밥' 하는 게 전혀 부끄러운 일이 아니다. 현지인들도 언제나 혼자 식사를 한다. 캐주얼한 음식점이나 바는 물론이고 좀 더 격식을 갖춘 레스토랑에서도 흔한 일이다. 몇몇 가게에서는 예약 없이 온 손님을 위해 카운터 쪽 좌석을 비워놓기도 한다. 어쨌든 혼밥족이 음식점 자리를 혼자 차지하고 있어도 아무 문제 없을 것이다.

카츠 델리카트슨 Katz's Delicatessen, **로어 이스트 사이드**Lower East Side

이곳은 모르는 사람이 없다. 〈해리가 샐리를 만났을 때〉에서 멕 라이언이 명연기를 펼쳤던 곳이자, 〈도니 브래스코〉에서 조니 뎁이 많은 시간을 보내던 곳이다. 그럼에도 여전히 언급할 가치가 있다. 이곳의 미국 유대인 음식은 전설적이기 때문이다. 카츠에서는 주문 과정이나 티켓과 스탬프로 하는 계산 과정 자체가 새로운 경험이 된다. 하지만

그 유명한 호밀빵과 파스트라미를 먹을 수 있다면 좀 번거로워도 상관없다.

205 E Houston St, New York

www.katzsdelicatessen.com

그래머시 태번 Gramercy Tavern, **플랫아이언 디스트릭트**Flatiron District

이곳은 1990년대 초부터 맨해튼에서 유명했

뉴욕에서는 배고플 일이 없다.

던 정통 뉴욕 레스토랑 중 하나다. 그리고 최근엔 미슐랭 스타도 획득했다. 다이닝 룸 자체가 상당히 격식을 갖춘 곳이라, 예약이 기본이며 하얀 식탁보가 필수다. 하지만 현재 뉴욕의 트렌드에 맞게 그래머시에도 훨씬 더 캐주얼한 바 구역이 생겨서, 예약 없이 훨씬 저렴한 메뉴를 즐길 수도 있다.

42 E 20th St, New York

www.gramercytavern.com

그랜드 센트럴 오이스터 바 Grand Central Oyster Bar, 미드타운 Midtown

이곳 역시 1세기 이상 뉴욕의 명물이었다. 굴이 인기를 얻기 훨씬 전부터 굴 요리를 전문적으로 판매했다. 이름에서 알 수 있듯이 그랜드 센트럴 오이스터 바는 그랜드 센트럴 역에 위치해 식사와 함께 주변 경관도 즐길 수 있다. 사실 이 장소 자체가 명소라고 할 수 있다. 조개 육수, 우스터소스, 파프리카로 요리한 오이스터 팬 로스트는 꼭 먹어보기 바란다. 생각보다 훨씬 더 맛있다.

Grand Central Terminal, New York

www.oysterbarny.com

그레이스 파파야 Gray's Papaya, 어퍼 웨스트 사이드

예산이 빠듯한 나 홀로 여행객에게는 꿈의 장소다. 6.45달러만 내면 그레이스 파파야의 유명 메뉴, 핫도그 두 개에 소다 한 잔이 포함된 '리셉션 스페셜'을 시킬 수 있다. 배고픔은 안녕. 그레이스 파파야는 영화나 TV 쇼에도 엄청나게 등장한 뉴욕의 인기 음식점이며, 대부분의 뉴요커, 특히 학생이거나 구직자였던 사람의 마음속엔 애정의 장소이기도 하다.

2090 Broadway, New York

www.grayspapayanyc.com

토토노스 피제리아 Totono's Pizzeria, 코니아일랜드 Coney Island

뉴요커들에게 뉴욕 최고의 피자 가게가 어디냐고 물어보면 제각각 다른 답을 말할 것이다. 모두 개인 취향이 있고, 뉴욕에는 맛있는 피자 가게가 너무나 많기 때문이다. 그러나 뉴욕의 클래식한 피자를 맛보고 싶다면, 코니아일랜드의 토토노스를 방문해보자. 90년 넘게 얇은 나폴리탄 피자를 팔아온 곳이다.

1524 Neptune Ave, Brooklyn

www.totonnosconeyisland.com

어디서 마실까

24시간 파티를 즐기는 이 거대한 도시에서 술집이나 나이트클럽 몇 군데를 꼽는다는 건 정말 어리석은 짓이다. 그렇다면 술집을 어떻게 골라야 할까? 어떻게 대상을 한 지역으로 좁힐까? 윌리엄스버그의 힙스터 집합소와 이스트 빌리지East Village의 친근한 술집, 파이낸셜 디스트릭트의 고급 칵테일 바, 브루클린 다운타운의 허름한 술집 중 어디를 골라야 할까? 고를 수가 없다. 불가능하다.

실제로 당신이 할 수 있는 건 당신의 현재 기분을 생각해보고 지금 기분에 딱 맞을 것 같은 지역을 선택하는 것뿐이다. 칵테일, 싸구려 맥주, 라이브 음악, 큰 화면으로 보는 스포츠 중계 등 자신에게 맞는 걸 골라보자. 대부분의 술집은 나 홀로 손님을 환영하며, 언제라도 새로운 친구를 사귈 수 있다.

애터보이Attaboy, 로어 이스트 사이드

뉴욕은 칵테일 문화로 유명하다. 로어 이스트 사이드의 세련되고 아늑한 술집, 애터보이에 가보면 그 문화를 살짝 느껴볼 수 있다. 기다란 바가 있어 혼자 온 손님은 스툴에 앉아 직원들과 추천 칵테일 메뉴에 대해 대화를 나눌 수 있고, 얼마 안 가 당신에게 딱 맞는 칵테일이 제공될 것이다. 주변에 수다를 떨 사람도 많다.

134 Eldridge St, New York

www.attaboy.us

유니온 풀Union Pool, 윌리엄스버그

혼자 술을 마시는 건 무척 즐거운 일이다. 본인이 내키는 대로 할 수 있기 때문이다. 하지만 평생 친구까지는 아니더라도 하룻밤 잠깐 놀 친구를 만나는 것도 가끔은 즐겁다. 동료를 만나고 싶다면 유니온 풀로 가보자. 파트너를 만날 수 있는 술집으로 유명한 이곳은 친근하지만, 그렇다고 과하게 평판이 나쁘지는 않은 사람들이 모이는 곳이다.

484 Union Ave, Brooklyn

www.union-pool.com

스위트워터 소셜Sweetwater Social, 그리니치 빌리지

이름 그대로다. 이곳은 함께 즐기는 사교의 장으로, 혼자 들어왔다가 새 친구 한 무리를 만나 함께 나가는 곳이다. 비결은 게임에 있다. 젠가부터 축구 게임까지 다양한 게임이 준비되어 있기 때문에 사람들은 쉽게 뭉치고 새로운 멤버가 끼어드는 데도 관대해진다. 게다가 술값도 싸다.

643 Broadway, New York

www.drinksweetwater.com

> 혼자
> 술을 마시는 건
> 무척 즐거운 일이다.
> 본인이 내키는 대로
> 할 수 있기 때문이다.

▲ 애터보이에서는
   매일 다른 칵테일을 제공한다.
▶ 소박한 식당부터 고급 레스토랑까지,
   뉴욕은 먹는 걸 사랑하는 도시다.

무엇을 할까

뉴욕에서는 지루할까 봐 걱정할 필요가 없다. 이곳에 평생 사는 사람도 뉴욕의 놀 거리를 다 경험하지 못할 정도이기 때문이다. 다시 한번 말하지만, 당신의 기분에 따라, 특정한 목적이 있느냐에 따라 선택지는 달라질 것이다. 하지만 모든 여행 일정에 포함시킬 만한 고전적인 체험도 몇 가지 있다.

하이라인 High Line 산책하기

공원을 산책하고 싶은가? 폭이 20미터 정도 되는 길이 거의 2.5킬로미터 뻗어 있는 하이라인으로 가보자. 하이라인은 뉴욕의 첼시와 미트패킹 디스트릭트를 통과하는 고가철도로, 1980년대에 폐쇄되었다가 2009년 공원으로 재개장했다. 낡은 선로를 뒤덮고 자라나는 뉴욕 자생식물들이 이곳의 특징이다. 뉴욕에서 가장 유명한 명소 중 하나이기도 하다.

www.thehighline.org

MoMA와 Met 구경하기

뉴욕의 미술관과 갤러리는 여러모로 완벽하다. 나 홀로 여행객이 혼자 돌아다니기에도 좋다. 돈이 별로 들지 않는 것도 장점이며, 궂은 날씨를 피할 수도 있고, 세계의 거장이 남긴 작품을 관람할 수도 있다. 가장 크고 유명한 미술관은 이집트 덴두르 사원을 통째로 전시한 메트로폴리탄 미술관Met과 세잔, 반고스, 마티스 등의 작품으로 유명한 뉴욕 현대미술관MoMA이다.

www.moma.org

www.metmuseum.org

윌리엄스버그에서 카페 탐방하기

나 홀로 여행객에게 좋은 소식. 뉴욕은 산책을 위한 도시다. 두 발로 걸어 근처를 돌아다니고, 구경하기에 딱 좋은 곳이다. 워낙 촘촘하고 흥미로운 장소이기 때문이다. 특히 카페 문화를 좋아하는 사람이라면 산책하기 가장 좋은 지역으로 브루클린의 윌리엄스버그를 꼽는다. 고급 옷 가게와 술집, 디자인 제품 판매점 사이에 멋진 커피숍들이 자리 잡고 있기 때문이다.

양키스(또는 메츠) 게임 관람하기

뉴욕에서 가장 고전적인 스포츠 체험은 양키 스타디움에서 야구 경기를 보는 것이다. 경기를 보는 것 자체로도 즐거운 경험이겠지만, 스포츠 팬이라면 훨씬 다양한 것을 즐길 수 있다. 뉴욕에는 메츠라는 또 다른 야구팀이 있다. 그들은 퀸스에 있는 시티 필드에서 경기를 한다. 미식축구 팀도 둘(제츠와 자이언츠) 있고, 농구 팀도 둘(닉스와 네츠), 아이스하키 팀도 둘(레인저스와 아일랜더스) 있다. 표를 구입하고 싶다면 아래의 웹사이트를 방문하라.

> www.stubhub.com

▲ 길거리 공연가가 지하철 승객들을 즐겁게 해준다.
▼ 경기가 시작된 양키 스타디움.

부에노스아이레스

BUENOS AIRES

부에노스아이레스는
남아메리카에서
가장 아름답고 활기 넘치는
중심지 중 하나다.

부에노스아이레스의 리듬에 익숙해지기까지, 이곳이 어떻게 돌아가는지 파악하기까지는 시간이 좀 걸린다.

오후에 가게를 찾아갔는데 문이 닫혀 있다. 저녁에 유명한 음식점에 갔는데 아무도 없다. 밤에 술집을 찾아 나왔는데 길거리가 휑하다. 무슨 일일까? 부에노스아이레스는 번화하고 북적인 도시인 줄 알았는데, 모두 패션과 좋은 음식, 술에 집착하는 곳, 시간을 막론하고 즐겁게 놀 준비가 되어 있는 곳인 줄 알았는데, 다들 어디 갔지?

하지만 이게 바로 아르헨티나의 수도다. 다만 시간대가 바뀌면 완전히 달라진다. 부에노스아이레스의 많은 상점과 가게는 늦은 오전이 되어야 문을 열고, 또 오후 시에스타 중에는 문을 닫았다가, 초저녁에는 다시 쇼핑객으로 꽉 찬다. '일반적인' 저녁 식사 시간에 저녁을 먹으러 나가는 사람은 관광객뿐이다. 부에노스아이레스 시민들, 즉 포르테뇨는 오후 9시, 심지어 10시부터 저녁을 먹는다. 술집에는 자정에 가고 클럽에는 새벽 2~3시에 간다. 그런 다음 잠깐 자고 출근한 뒤, 다시 집에 가서 낮잠을 잤다가 다시 나오기를 반복한다.

여행객들은 이 도시의 리듬을 알아채고, 포르테뇨와 같은 방식으로 움직이며, 도시의 솔을 받아들여 자기만의 것으로 만들기까지 시간이 좀 걸린다. 하지만 한번 익숙해지면 부에노스아이레스가 얼마나 멋진 곳인지 깨닫게 될 것이다. 정말 대단한 곳이다. 열정의 도시다. 탱고 클럽, 밀롱가milonga의 댄서들을 만나보라. 그들의 얼굴에서 깊고 강렬한 열정을 만날 수 있다. 거리를 돌아다니며 파리 스타일 건축물을 즐겨보라. 대신 정기적으로 부에노스아이레스를 정지하게 만드는 시위와 파업은 조심해야 한다. 그곳에도 열정은 넘쳐난다. 축구 경기장에서 골수팬들이 열광적으로 응원하며 큰 소리를 지르고 노래 부르는 걸 들어보길. 역시 열정은 최고다.

포르테뇨의 열정은 삶의 즐거움을 위해서만 발휘된다. 패션과 멋있게 보이는 것에 열정이 많아서 세련된 스카프나 완벽한 부츠 없이는 집을 나서지 않는다. 음식과 와인에도 열정이 넘쳐 언제 어디서나 스테이크와 말베크 와인을 찾으며, 이탈리아, 스페인, 페루, 일본에서 건너온 것도 좋아한다. 축구, 그중에서도 자신이 가장 좋아하는 팀에 열정적인 관심을 보이며, 가족, 친구, 직장 밖에서의 시간을 소중하게 생각한다. 그리고 가장 중요한 건 삶을 즐기는 것, 이 도시를 즐기는 것이다.

나 홀로 여행객은 부에노스아이레스와 사랑에 빠질 것이다. 아마 당장 빠지지는 않겠지만 천천히 빠져서 영원히 갈 것이다. 아르헨티나의 수도는 서유럽의 우아함과 로맨틱함, 남아메리카의 열정과 예측 불가능함이 섞여 수많은 세계 도시 중에서도 최고라 할 수 있다. 편안한 느낌이 들 정도로 익숙하면서 낯선 외국 느낌도 물씬 난다. 물론 불안 요소도 많고 때로는 불쾌할 수도 있다. 관광객이 많은 곳에는 소매치기도 많고 택시 운전사들도 가끔 바가지를 씌운다. 하지만 그런 것 때문에 여행을 거부하느니 미리 조심하자.

부에노스아이레스의 장점은 거의 무한하다. 그리고 혼자 여행하는 사람들도 쉽게 도시의 열정에 빠져들 수 있다. 낮에는 가로수가 줄지어 선 예쁜 거리를 걷다가, 인도 옆 카페에서 커피와 아르헨티나 크루아상인 메디아루나를 주문한다. 갤러리나 패션 부티크를 구경하다가 진짜 포르테뇨 스타일의 긴 점심 식사를 즐기며 휴식을 취한다. 그런 다음에는 시에스타를 만끽한다. 매일 오후 두세 시간 휴식을 취하며 저녁 시간을 준비하는 거다.

밤에는 포르테뇨가 즐기는 방식을 따라 하면 된다. 초저녁 팔레르모Palermo와 산텔모San Telmo의 가게들을 돌아다니며 값싼 엠파나다를 사 먹고, 맥주를 들고 현지인과 관광객으로 북적이는 친근한 술집이나 탱고 클럽에 간다. 당신은 춤을 추고, 또 추고, 해가 뜰 때까지 춤을 출 것이다.

부에노스아이레스는 전통적인 관광 명소가 많다. 라 보카La Boca에는 밝게 채색된 거리가 있다. 레콜레타Recoleta에는 화려한 장식의 공원묘지가 있는데, 이곳에는 많은 순례객이 찾는 에비타Evita의 묘지가 있다. 박물관이나 문화센터도 굉장히 많다. 그렇지만 나 홀로 여행객이 부에노스아이레스에서 할 수 있는 일 중 가장 좋은 것은 포르테뇨의 감수성을

받아들이는 것, 에너지를 인생의 즐거움을 찾는 데 쏟는 것, 이 도시의
리듬을 타며 흔들어보는 것이다.

부에노스아이레스는
온갖 색으로 가득하다.

⚽ 언제 갈까

부에노스아이레스를 방문하기에 가장 좋은 때는 11월이다. 여름을 앞두고 있어 날씨가 좋을 뿐만 아니라 굉장한 이벤트가 많이 열린다. 포르테뇨가 굉장한 열정을 보이는 폴로 챔피언십, 부에노스아이레스 시골 지방의 카우보이, 즉 가우초 문화를 자랑하는 전통 축제가 열린다. 8월에는 월드 탱고 댄스 토너먼트가 도시 전역에서 열리기 때문에 이곳 고유의 전통에 흠뻑 빠질 수 있는 볼거리 많은 시기다. 축구 팬이라면 좋은 소식이 있다. 국내 리그는 6월과 7월에만 쉬기 때문에 그 외 다른 시기에 방문하면 언제든 시합을 관람할 수 있다.

'분홍빛 저택'이라는 뜻의 카사 로사다.

▲ 유행을 한 발 앞선 부에노스아이레스의 패션.
▶ 엠파나다는 싸고 맛있는 한 끼를 보장한다.
▶ 보카 인근의 알록달록한 거리.

나 홀로 여행객들은 부에노스아이레스와 사랑에 빠질 것이다.
아마 당장 빠지지는 않겠지만 천천히 빠져서 영원히 갈 것이다.

부에노스아이레스의 거리 미술 작품이
벽을 장식하고 있다.

어디서 지낼까

부에노스아이레스는 일반적인 숙박비가 상당히 저렴한 편이라, 나 홀로 여행객도 다양한 숙박 시설을 선택할 수 있다. 이 책에서는 저렴한 호스텔 위주로 소개했지만, 조금만 여유가 있다면 부에노스아이레스, 그중에서도 레콜레타와 팔레르모의 훌륭한 부티크 호텔을 이용하자. 하루나 이틀 정도는 편안하고 스타일 좋은 곳에서 지내보는 것도 좋다.

아메리카 델 수르América del Sur, 산텔모

이 어마어마하게 큰 호스텔은 호스텔월드 hostelworld 이용자에게 아르헨티나 최고, 라틴아메리카 최고의 호스텔로 선정되었다. 작은 4인용 공용 객실을 선택할 수도 있고 1인실을 선택할 수도 있다. 사교와 유흥을 위한 장소도 풍부하다. 이곳에서는 국적과 나이를 불문하고 이용객이 굉장히 많은데, 그중에는 혼자 여행하는 사람도 많을 것이다. 이곳에는 굉장히 훌륭한 여행 데스크가 있어서, 투어를 짜주거나 티켓을 판매하기도 하고, 도시 내 나이트클럽에 VIP 입장할 수 있게 해준다.

Chacabuco 718, Buenos Aires

www.americahostel.com.ar

밀하우스 호스텔 히포Milhouse Hostel Hipo, 마이크로센트로Microcentro

밀하우스에 가기 전에는 마음의 준비를 해야 한다. 이곳은 스스로를 '파티 호스텔'로 홍보하며, 실제로도 그러하다. 밀하우스를 선택한 사람들은 밤에 편히 자려는 사람이 아니라 새 친구를 사귀려는 사람들, 같이 어울려 놀러 나갈 사람들이다. 거의 매일 저녁 나이트클럽으로 놀러 나가는 무리가 있으며, 정기적으로 직원이 준비하는 투어가 있어서 탱고 쇼 관람, 축구 경기 관람, 지역 레스토랑 탐방 같은 것을 함께 즐길 수도 있다. 재미있는 놀 거리가 많으니 반드시 예약해야 한다. 밀하우스는 부에노스아이레스에 두 개의 지점을 운영하는데, 그중 19세기 식민지 시대 건물에 위치한 '히포' 호스텔이 더욱 매력적일 듯하다.

Av. Hipolito Yrigoyen 959, Buenos Aires

www.milhousehostel.com

아르헨티나의 수도는
수많은 세계 도시 중에서도
최고라 할 수 있다.

▲ 미크로센트로의 거리 거닐기.
▼ 시장에서의 쇼핑은 이 도시의
　엄청난 매력 중 하나다.

어디에서 먹을까

부에노스아이레스에서는 식당 문을 여는 정확한 시간만 기억한다면, 먹는 것도 큰 즐거움이다. 오전 중 가벼운 아침 식사를 하고, 오후 2시경에 늦은 점심을 먹은 뒤, 비스킷 사이에 캐러멜을 넣은 알파호르를 간식으로 먹은 다음, 9시에서 10시경 저녁을 먹으러 나서면 된다. 이 도시의 음식은 매우 다양하다. 주로 현지 음식에 초점을 맞추기는 하지만 프랑스, 스페인, 이탈리아, 일본, 페루, 심지어 중국의 영향을 받은 음식도 볼 수 있다.

포르테뇨는 고기를 좋아한다. 그러니 부에노스아이레스에서는 단백질을 과다 섭취할 마음의 준비를 해야 한다. 아르헨티나 전통 바비큐인 아사도는 갈빗살, 등심, 치마살 등 소고기 일곱 부위를 사용하며 소시지와 약간의 채소를 곁들인다. 모든 재료는 석쇠에 꽂아 직화로 완전히 구워낸다.

디 아르젠틴 익스피리언스The Argentine Experience, 팔레르모

부에노스아이레스에서는 '푸에르타스 세라다스 Puertas Cerradas', 즉 '닫힌 문' 음식점이 유행이다. 예약해야만 이용할 수 있는 작은 가게로, 셰프의 집이나 인근 건물에서 은밀하게 장사하는 가게를 뜻한다. 디 아르젠틴 익스피리언스는 관광객 친화적인 곳으로 이 도시를 찾은 손님을 위해 음식을 제공한다. 손님을 반갑게 맞아주는 사교적인 분위기가 넘치며, 음식 또한 맛있다. 전문가에게 부에노스아이레스에 대해 뭔가 배울 기회도 얻을 수 있다.

Fitz Roy 2110, Buenos Aires

www.theargentineexperience.com

돈 훌리오Don Julio, 팔레르모

제대로 된 스테이크 하우스에서 식사하지 않고는 부에노스아이레스를 여행했다고 말할 수 없다. 도시 전역에 바비큐 음식점이 넘쳐난다. 최고급 음식점부터 싸고 지저분한 가게까지 종류는 다양하지만, 큼직큼직하게 썬 소고기를 직화로 구워내는 건 동일하다. 돈 훌리오는 클래식한 가게 중 하나다. 이 이웃 같은 편안한 느낌을 주는 가게

트렌디한 팔레르모의 카페들은
메디아루나와 카페 코르타도를 맛보기에
최적의 장소다.

에서는 질 좋은 재료를 석쇠를 이용해 훌륭하게 구워낸다. 너무 비싸지도 않고 1인용 테이블도 있다.

Guatemala 4691, Buenos Aires

www.parrilladonjulio.com

라 코시나La Cocina, 레콜레타

비용을 걱정하는 여행객이라면 한 끼 식사로 엠파나다를 선택하면 된다. 엠파나다는 페이스트리 안에 고기를 듬뿍 넣은 것으로 구하기도 쉽고 맛도 좋다. 레콜레타의 화려한 지역에 있는 라 코시나는 놀랍도록 싸지만 최상급 엠파나다를 팔기 때문에 거의 언제나 가게 앞에 꽤 긴 줄이 이어져 있다.

Av. Pueyrredon 1508, Buenos Aires

+54-11-4825-3171

루시오Lucio, 팔레르모

부에노스아이레스에서는 상당히 간편하게 아침 식사를 한다. 출근길에 걸어가면서 먹는 게 보통이고, 길가 카페에 앉아서 진한 블랙커피와 약간의 우유를 섞은 코르타도 한 잔에 간단한 요깃거리를 급하게 먹는 정도가 최선이다. 팔레르모에 있는 루시오는 완벽한 커피뿐만 아니라 메디아루나로도 현지인에게 인기 높다. 이 작고 달콤한 크루아상은 부에노스아이레스에서만 매일 수천 개씩 팔린다.

Av. Scalabrini Ortiz 2402, Buenos Aires

www.luciopizzaypasta.com

부에노스아이레스

어디서 마실까

부에노스아이레스는 확실히 쿨하다. 사람들의 옷차림을 보자마자 쿨함을 느끼지 못했다면 가게나 카페, 음식점에 들어가보면 이 말이 사실이라는 걸 바로 알게 된다. 술집이나 나이트클럽도 마찬가지다. 이 도시에서는 축구 중계 재방송만 틀어주는 삭막한 술집이 거의 없다. 별로 눈에 띄지 않는 어두컴컴한 출입구로 들어서면 나비넥타이를 한 바텐더가 주문에 맞는 칵테일을 만들어주는 술집을 만나거나, 해가 뜰 때까지 땀에 젖은 사람들로 가득한 나이트클럽을 만날 가능성이 크다. 부에노스아이레스는 유흥을 위해 태어난 도시다. 싼 가격에 즐겁게 놀 수 있다. 그러니 호스텔에서 새로 사귄 친구를 몇 명 모아서 이 도시가 선사하는 즐거움을 마음껏 즐기길 바란다.

---

878 바878 Bar, 비야 크레스포Villa Crespo

요즘 떠오르는 지역인 비야 크레스포에 위치한 이 작고 편안한 술집은 부에노스아이레스 유흥의 장점을 여지없이 보여주는 전형적인 곳이다. 편안하고, 비싸지 않고, 가식이 없지만 유행에 뒤떨어지지 않는다. 파는 술 또한 훌륭하다. 카운터 옆 스툴에 앉거나 편안한 소파에 자리를 잡고 긴 저녁을 즐겨보자.

Thames 878, Buenos Aires

www.878bar.com.ar

프랭크스Frank's, 팔레르모

부에노스아이레스에서는 주류 밀매점 같은 스타일의 술집을 굉장히 좋아한다. 그래서인지 더 찾기 힘들고 숨어 있는 술집일수록 더 좋다. 프랭크스 역시 주류 밀매점의 전형이다. 이 놀랍도록 큰 술집은 전화 박스에서 페이스북에 올려놓은 비밀번호를 말해야만 들어갈 수 있다. 비밀번호를 제대로 말한다면 새로운 세상을 향한 문이 활짝 열릴 것이다. 칵테일을 즐길 수 있는 따뜻하고 품격 있는 공간으로 향하는 문 말이다.

Arevalo 1443, Buenos Aires

+54-11-4777-6541

제트 라운지Jet Lounge, 팔레르모

포르테뇨들은 컴컴한 바에서 잡담을 하고 칵테일을 홀짝이며 충분히 시간을 보낸 다음 (보통 새벽 2시경에) 반드시 나이트클럽으로 향해 춤을 향한 열정을 쏟아붓는다. 제트 라운지는 이 도시에서 가장 유명하고 우아한 곳 중 하나다. 드레스 코드가 엄격하니 모든 경험을 제대로 하고 싶다면 드레스 코드를 갖추는 게 좋다. 더 편하게 입장할 수 있는 좀 더 대중적인 나이트클럽을 원한다면 산텔모의 지브롤터Gibraltar로 가면 된다 (주소는 Peru 895).

Av. Costanera Rafael Obligado 4801, Buenos Aires

www.jet.com.ar

부에노스아이레스는
유흥을 위해 태어난 도시다.
싼 가격에 즐겁게
놀 수 있다.

▲ 부에노스아이레스만큼
편안한 바가 많은 곳은 없다.
▼ 이 도시에서는 카페 문화 또한 뿌리 깊다.

무엇을 할까

부에노스아이레스에는 기대만큼이나 미술관, 갤러리, 오래된 건축물 등이 굉장히 많다. 하지만 이곳은 그냥 보기만 하는 것보다 직접 경험하며 즐기기에 더 좋다. 춤이든 축구든 현지인들이 매우 좋아하는 온갖 활동을 직접 해볼 수 있다. 이런 경험들은 혼자 가서 열중하는 것도 좋지만, 마음 맞는 여행객을 모아서 함께 간다면 훨씬 더 많은 것을 얻을 수 있다.

탱고 추는 법 배우기

포르테뇨의 탱고 사랑을 즐기는 방법은 여러 가지다. 우선은 쇼를 관람하는 것이 있다. 꽤 비싸기는 하지만 상당히 멋진 쇼다. 또 다른 하나는 밀롱가라는 탱고 클럽에 가는 것이다. 여기도 훌륭하기는 하지만 자신이 뭘 하는지 잘 모르면 그냥 구경꾼 신세가 될 수 있다. 마지막 선택지는 탱고를 직접 배워보는 것이다. 알마그로Almagro의 탱고 클럽, 라 카테드랄La Catedral에서 직접 경험할 수 있다. 밤마다 이곳에서는 초보자들이 탱고 발동작을 배운다. 춤의 열정을 경험하기에도 좋을 뿐만 아니라 사람들을 만나기에도 좋다.

facebook.com/lacatedraldeltangoalmagro

산텔모 골동품 시장 방문하기

아기자기한 장식품을 구경하면서 보물 찾는 걸 즐기는 타입이라면 부에노스아이레스는 여러분의 도시나 마찬가지다. 특히 매주 일요일, 플라사 도레고Plaza Dorrego와 산텔모의 데펜사 스트리트Defensa Street의 13블록에서 거대한 야외 골동품·공예품 마켓인 페리아 데 산텔모Feria de San Telmo가 열린다. 어마어마하게 많은 수의 잡동사니들이 진열되는데, 꼼꼼이 살피다 보면 아주 귀중하고 좋은 것들을 발견할 수 있다. 더 현지인스러운 경험을 하고 싶다면 노동자 계층이 많이 사는 마타데로스Mataderos에서 매주 일요일 오후에 열리는 시장, 라 페리아 데 마타데로스를 방문해보자.

보카 주니어스 경기 관람하기

부에노스아이레스에서 축구 경기를 관람하지 않고서는 열정을 논할 수 없다. 이곳 시민들이 축구에 집착하는 수준은 다소 겁이 날 정도다. 그들에게 축구란 굉장히 중요한 사안이다. 부에노스아이레스에는 최상급 축

보카 주니어스가 홈그라운드인 라 봄보네라에서 축구 경기하는 걸 관람하는 것만큼 멋진 스포츠 경험이 있을까.

구 클럽이 여러 개 있다. 하지만 그중 가장 유명하고, 관람객에게 가장 신나는 경험을 선사할 클럽은 바로 보카 주니어스다. 노동자 계층이 많이 사는 라 보카의 팀으로, 홈구장 라 봄보네라에서 경기를 한다. 대부분의 호스텔에서 경기 관람 팀을 짜주므로 여럿이 함께 관람하러 가는 게 최선이다. 아니면 아래의 웹사이트를 확인해보자.

> www.bocajuniors.com.ar

> landingpadba.com

거리 미술 투어하기

포르테뇨의 예술적인 재능과 이곳의 느슨한 법과 규제가 만난 덕분에, 부에노스아이레스에는 거리 미술이 굉장히 번창하고 있다. 현지인이나 국제적으로 유명한 미술가들이 도시의 벽을 가득 채우고 있다. 이 작품들을 확인하는 가장 쉬운 방법은 부에노스아이레스 거리 미술 투어에 참여하는 것이다. 알마그로, 비야 크레스포, 그 외 몇몇 숨겨진 지역을 돌아다니며 멋진 작품이 있는 곳을 안내한다.

> www.buenosairesstreetart.com

퀸스타운

QUEENSTOWN

퀸스타운 리마커블의 스키장은
따뜻한 시기에는 훌륭한
하이킹 장소가 되어준다.

오로지 풍경을
보기 위해서라도
퀸스타운에 갈 수 있다.

눈앞에 넓게 펼쳐진 반짝이는 와카티푸 호수 Lake Wakatipu, 그 배경으로 어렴풋이 보이는 리마커블산맥 Remarkables, 완만하게 경사진 초록 언덕과 사계절 언제나 함께 있어줄 것만 같은 쨍하게 파란 하늘. 단지 이런 풍경만으로도 퀸스타운에 갈 이유는 충분하다. 퀸스타운은 방문하는 것 자체만으로도 돈이 아깝지 않다. 비행기를 타고 가든 육로로 가든, 산은 발밑에 있는 울창한 계곡과 호숫가에 자리 잡은 마을이 모습을 드러낸다.

그렇지만 퀸스타운에는 풍경 말고도 더 많은 것들이 있다. 이곳은 모험가와 배낭여행객에게 파라다이스 같은 곳이다. 음식을 좋아하고 와인을 마시는 사람, 파티를 즐기고 재미있는 걸 좋아하는 사람, 일상의 구속에서 벗어나 뭔가 다른 일, 험한 일, 기억에 남는 일을 찾는 사람에게도 천국이다. 퀸스타운은 재미있는 사람들을 끌어들이는 재미있는 곳이다. 모험의 중심지이자 나 홀로 여행객의 꿈이다. 전 세계에서 모인 모험가들과 어울릴 수 있는 온갖 액티비티가 넘친다.

퀸스타운에서는 글자 끝이 'ing'로 끝나는 활동적이고 모험적인 액티비티를 뭐든지 할 수 있다. 이곳은 맨 처음 스키어와 스노보더들의 근거지로 유명해졌다. 코로넷 피크 Coronet Peak 와 리마커블산맥 같은 근처 산의 리조트에 여행 왔던 사람들이 저녁 스키를 타러 돌아가기 전에 머물던 곳이었다고 한다. 그리고 지금도 그런 사람들이 있지만, 물론 지금은 잠시 머무는 것 외에도 즐길 수 있는 체험이 훨씬 많아졌다.

퀸스타운은 번지 점핑을 개발한 곳이다. 카와라우 다리 Kawarau Bridge 에서는 세계 최초의 상업 번지 점프대를 지금도 여전히 운영하며, 근처에 점프대가 두 군데 더 있다. 위험한 스포츠를 즐기는 사람들이 퀸스타운을 찾는 이유는 또 있다. 굉장히 인기 많은 마운틴 바이킹, 제트보트 타기, 계류 타기, 급류 래프팅, 스카이다이빙, 사륜 오토바이 타기, 패러글라이딩, 헬리 스키 타기, 행글라이딩…. 목록이 끝도 없다.

차분한 활동도 할 수 있다. 근처 산 정상까지 스카이라인 곤돌라를 타고 올라가 화려한 경치를 즐길 수도 있고, 호숫가 오솔길을 따라 천천히 자전거를 탈 수도 있다. 하루 몇 차례 출발하는 언슬로호를 타고 크루즈 여행을 즐기는 것도 가능하다. 오토바이나 버스를 타고 퀸스타운을 벗어나 깁스톤 밸리 Gibbston Valley 와인 양조장이나 와나카 Wanaka 의 '퀸스타운-라이트' 리조트에 갈 수도 있다.

퀸스타운은 그냥 산책하고 즐기기에도 아주 좋은 곳이다. 중간중간 가게에도 들르고, 호숫가에서 시간을 보내고 경치를 만끽하는 것이다.

퀸스타운은
재미있는 사람들을 끌어들이는
재미있는 곳이다.

훌륭한 음식도 많다. 몇 주 동안 즐겨도 모자라지 않을 정도로 카페랑 술집도 충분하다.

　이 조그만 산악 마을이 나 홀로 여행객에게 이상적인 곳이 된 데는 몇 가지 이유가 더 있다. 우선 외로울 일이 없다. 퀸스타운의 즐거운 분위기와 모험 가득한 액티비티는 수많은 관광객을 불러모은다. 그중에는 전 세계를 홀로 여행하는 사람들도 많다. 이곳은 관광객들이 일시적으로 머무는 곳이다. 투어 그룹은 2~3일 내로 왔다가 사라지고 다른 여행객들도 일주일 머물고 떠난다. 워킹홀리데이로 온 사람들도 한 시즌만 지나면 옮겨 간다. 그럼에도 이곳은 매우 친근하다. 세계 곳곳에서 온 사람들이 새로운 친구들과 즐거운 시간을 보내다 간다.

　퀸스타운 호스텔 대부분은 술집 순례 팀이나 바비큐 팀을 짜준다. 직접 바를 운영해 동료 배낭여행객들과 어울릴 만한 곳도 있다. 현지 술집은 관광객들에게 열려 있다. 마을 사람들은 느긋하며 사교성이 좋다. 그리고 퀸스타운, 뉴질랜드 전체가 굉장히 안전한 여행지다. 당신의 안

위를 위협하는 것이라고는 매일 아침 밀려오는 엄청난 숙취뿐일 것이다(혹시 뭐, 어마어마한 높이에서 번지 점프를 하느라 망막 박리를 경험할 수도 있겠지만…). 하찮은 범죄든 강력 범죄든 거의 일어나지 않는다. 나 홀로 여행객이 혼자 거리를 활보하고, 외식을 해도 언제나 안전하다. 퀸스타운 구석구석, 곳곳에서 마주치는 장관을 즐기기 위해 아무 때나 멈춰서도 아무 문제 없다.

이곳은 보기 좋고, 느낌 좋고, 실제로도 좋은 목적지다. 며칠 머물 마음으로 갔다가 몇 달을 머물지도 모른다. 그리고 정말로 그렇게 해도 문제 될 것은 아무것도 없다.

이곳의 에너지에
휩쓸릴 수밖에 없다.

퀸스타운은
와카티푸 호숫가를 따라 뻗어 있다.

언제 갈까

전통적으로 퀸스타운이 북적이는 시즌은 늘 겨울(6~8월)이었다. 스키 리조트가 문을 열고 스키광들이 마을로 내려오는 때 말이다. 그러나 이것도 지금은 변하고 있다. 마운틴 바이킹, 하이킹, 카야킹 등 따뜻한 계절에 하는 액티비티를 즐기는 인구가 늘어난 것이 큰 이유다. 퀸스타운은 이제 일 년 내내 여행하기 좋은 곳이 되었으며 언제 방문해도 북적일 것이다. 특별한 축제를 즐기고 싶다면 6월 말, 스키 시즌의 시작을 알리는 도시 전체에서 열리는 파티, 퀸스타운 겨울 축제를 공략하자. 숙소를 예약하기는 좀 힘들지 몰라도 퀸스타운을 방문하기에 가장 좋은 때다.

구불구불하기로 악명 높은 길을 따라가면
리마커블산맥이 나온다.

패러글라이딩은
풍경을 만끽하는 최고의 방법이다.

▲ 눈 쌓인
뉴질랜드 알프스의 정상
◀ 스노보딩은 퀸스타운 지역의
주요 명물이다.
▶ 퀸스타운의 다운타운.

어디서 지낼까

퀸스타운은 배낭여행객과 젊은 여행객들에게 인기가 많은 탓에 숙박 선택지가 굉장히 다양하다. 공용 객실과 1인실이 있는 일반적인 호스텔도 굉장히 많지만, 트레일러와 오두막을 갖춘 캠프장, 민박, 독립된 호텔이나 모텔에 묵거나 에어비앤비 같은 웹사이트를 통한 아파트 렌털도 가능하다. 보통은 호수에서 멀어질수록, 시내 중심에서 멀어질수록 숙박비는 싸지지만, 몇 달러를 더 쓰더라도 호수나 시내 가까이에 숙소를 정하는 편이 더 낫다. 스키어와 스노보더라면 퀸스타운 지역에 스키장이 딸린 숙소가 없다는 것도 기억해야 한다. 퀸스타운에서는 숙박만 하고 매일 30분 이상 거리의 스키장으로 출퇴근해야 한다.

어드벤처 Q2 호스텔 Adventure Q2 Hostel

이 호스텔은 원래 인기 높았던 어드벤처 퀸스타운 호스텔 Adventure Queenstown Hostel의 2호점에 해당하는 곳인데, 몇 가지 요소 덕분에 엄청난 히트를 치고 있다. 일단 도시 한가운데에 위치한다. 길만 건너면 (시원한 음료를 마시며 느긋하게 일광욕하기에 최고의 장소인) 빌리지 그린 Village Green이 있다. 또 깨끗하고 편안한 객실, 물품 보관소가 있다. 부엌, 사교 장소, 관광 데스크 등의 시설도 훌륭하다. 총 침대 수가 55개밖에 안 되는 자그마한 규모이며, 매일 밤 호스텔에서 다양한 그룹 활동 팀을 짜준다. 친근한 분위기와 편안한 밤을 원하는 사람이라면 이곳이 제격이다.

5 Athol St, Queenstown

www.adventureq2.co.nz

범블스 백패커스 Bumbles Backpackers

혹시 당신이 퀸스타운의 풍경에 이끌려 이곳에 왔다면 풍경을 충분히 즐길 수 있는 숙소를 잡는 것이 좋을 텐데, 범블스가 바로 그런 곳이다. 이곳은 호수 바로 앞에 위치하면서 퀸스타운의 술집이나 음식점에도 걸어서 오갈 수 있다. 많은 객실뿐만 아니라 공용 공간에서도 와카티푸 호수와 눈 쌓인 리마커블 산맥의 믿기 힘든 풍경이 한눈에 들어온다. 이곳이라면 조용하고 편안하게 쉴 수 있으면서, 마음만 먹으면 가까이에 있는 퀸스타운 시내의 편리함도 누릴 수 있다.

Cnr Lake Esplanade and Brunswick St, Queenstown

www.bumblesbackpackers.co.nz

어디에서 먹을까

퀸스타운은 지난 10여 년간 다른 모습으로 변모했다. 순수하게 모험만 즐기는 도시에서 좀 더 세련된 도시로 바뀌었다. 서구를 휩쓸었던 음식에 대한 집착을 수용하고, 이 지역의 훌륭한 농수산물을 이용한 결과 이제는 이곳에도 좋은 먹거리가 많아졌다. 무척 비싼 음식도 있기는 하지만, 나 홀로 여행객이 즐길 만한 음식도 충분히 많다. 수많은 음식점에서 상당한 양의 좋은 음식을 쉽게 손에 넣을 수 있다. 퀸스타운에서는 '혼밥'을 하기도 편하다. 예약이 필요 없는 1인용 카운터 자리를 보유한 캐주얼한 음식점이 굉장히 많다.

퍼그버거 Fergburger

퍼그버거를 찾고 싶은가? 괜히 간판을 찾을 필요 없다. 늘어선 줄만 찾으면 된다. 거의 24시간 운영하는 이 유명한 햄버거 가게 밖에는 이른 아침 기름진 아침 식사를 기다리는 사람부터 한밤중 야식을 먹으려는 사람까지, 늘 긴 줄이 이어져 있다. 바로 믿고 먹을 만한 햄버거를 판매하기 때문이다. 커다란 햄버거빵 사이에 소고기부터 양고기, 생선, 두부, 팔라펠 등 온갖 재료가 맛있는 토핑과 함께 잔뜩 들어차 있다. 감자튀김과 맥주를 추가해서 식사를 하고 나면 왕이 부럽지 않다. 그리고 퀸스타운에서 지내는 동안 이곳을 몇 번이나 더 방문하게 될 것이다.

42 Shotover St, Queenstown

www.fergburger.com

보츠와나 부처리 Botswana Butchery

아무리 빠듯한 예산으로 여행하고 있다 해도 가끔은 완벽하게 조리한 좋은 음식, 고급 음식에 흥청망청 돈을 써보는 것도 의미 있다. 퀸스타운에서 마음먹고 한 끼 근사하게 먹고 싶다면 보츠와나 부처리로 가자. 가장 깔끔한 옷을 골라 입고 가서 고기 위주의 진수성찬을 즐겨보자. 후추를 잔뜩 발라 구운 사슴 허릿살, 천천히 푹 삶은 소 볼살, 2인분 양인 양고기 숄더랙 구이 등이 준비되어 있다. 진짜 퀸스타운을 제대로 경험하고 싶다면 피노누아 와인 한 병도 곁들이는 게 좋겠다.

17 Marine Pde, Queenstown

www.botswanabutchery.co.nz

조스 개라지 Joe's Garage

뉴질랜드는 놀라울 정도로 커피에 집착한다. 특히 이탈리아에서 먼저 먹기 시작한 에스프레소 스타일을, 현지인들의 말에 따르면, 뉴질랜드에서 완성했다고 한다. 퀸스타운에서 가장 맛있는 커피를 마시고 싶다면 조스 개라지에 가보자. 낡은 우체국 우편 분류실을 이용한 꾸밈없는 인테리어가 특징이다. 나 홀로 여행객이라면 카운터 앞 스툴에 앉아서 플랫 화이트(뉴질랜드 사람과 호주 사람이 서로 자기들이 개발했다고 우기는 밀크 커피)와 베이컨 롤을 주문하고, 숙취가 말끔히 사라지는 느낌을 경험해보자.

Searle Lane, Queenstown

> www.joes.co.nz

더 카우 The Cow

더 카우는 화려하지도 않고 그렇다고 특별히 음식이 맛있지도 않은 곳이다. 이 이탤리언 스타일 음식점 요리는 딱 백인 엄마들이 만들어주던 그 맛이다(실제로 1976년 이후로 메뉴가 바뀌지도 않았다). 그렇지만 잊지 말고 꼭 가보자. 날씨는 춥고 배는 꼬르륵거릴 때, 퀸스타운에서 더 카우만 한 곳이 없기 때문이다. 이곳에서는 늘 장작불을 피워놓는다. 또 공용 테이블에 앉아 처음 보는 새 친구들과 함께 식사해야 한다. 음식은 푸짐하고 맛있다. 더 이상 뭐가 필요할까.

Cow Lane, Queenstown

> +64-3-442-8588

퀸스타운 펍에서 해산물로 간단하게 점심을 먹자.

어디서 마실까

퀸스타운에서 조용한 밤 따위는 없다. 끊임없이 왔다가 사라지는 수많은 관광객뿐만 아니라 매일 밤 도시를 돌아다니는 계절 노동자와 병원 의료진 때문에 이곳에선 항상 무슨 일이든 일어난다. 월요일부터 일요일까지, 지저분한 배낭여행객의 술집부터 친근한 펍, 고급 와인 바까지 온갖 술집이 북적거린다. 그리고 나 홀로 여행객은 이 중 어떤 곳에서나 환영받는다. 만약 혼자서 조용히 시간을 보내고 싶고 일기를 쓰면서 간단하게 한잔 마시고 싶다면, 고급 칵테일 바에 가서 술을 시키고 최대한 오랫동안 아껴 먹는 게 최고다. 반면 새로운 친구들과 시끌벅적하게 보내고 싶다면 아래에 소개한 술집으로 가면 되겠다.(단위는 뉴질랜드달러)

1876

이 클래식한 펍은 저녁을 보내기에 완벽한 장소다. 맥주 1파인트나 와인 한 잔이 5달러밖에 하지 않을 정도로 저렴한 술 종류가 많은 데다, 음식값도 적당할 뿐만 아니라, 일주일 내내 특별 메뉴도 제공한다. 퀸스타운의 옛 법원 청사에 위치하며, 따뜻하고 날이 맑을 때는 가게 앞 덱이 퀸스타운에서 제일 멋진 장소라고 과언이 아니다. 친근한 손님도 많다.

45 Ballarat St, Queenstown

www.1876.co.nz

해리스 풀 바 Harry's Pool Bar

해리스는 유명하지 않고, 고급도 아니며 특별히 내부가 좋은 것도 아니다. 하지만 이곳은 굉장히 싸다(생맥주 1파인트가 6달러다). 그리고 당구대와 스포츠를 중계하는 커다란 TV 스크린이 무척 많다. 활기 넘치는 분위기에서 새로운 친구를 사귀고 싶은 현지인과 관광객들의 집합소라고 할 수 있다. 그러다 보니 소파 위에서 낯선 이성과 뒤엉킨 이들도 있다. 피자도 맛있으니 이곳에서 모든 걸 해결할 수 있겠다.

8 Brecon St, Queenstown

+64-3-441-1325

위니스 Winnie's

커다란 스크린으로 스포츠를 보는 게 취향에 맞지 않는다면, 혹은 꼭두새벽까지 댄스 플로어에서 춤을 추는 편이 낫다면, 위니스가 당신에게 딱 맞을 것이다. 이곳은 퀸스타운의 명물이다. 초저녁엔 평범한 햄버거와 나초, 피자를 파는 캐주얼한 식당이었다가, 시간이 갈수록 DJ와 라이브 밴드가 공연하는 나이트클럽으로 변모한다. 그중에서도 최고는, 실내 공기가 답답해지면 지붕 전체를 열 수 있기 때문에 반짝이는 별 아래에서 춤을 출 수 있다는 것이다.

7-9 The Mall, Queenstown

www.winnies.co.nz

퀸스타운에서 조용한 밤 따위는 없다.

퀸스타운 중심가의 호숫가. ▲
도시는 밤이 깊어질수록 생기가 넘친다. ▼

무엇을 할까

여기는 퀸스타운이다. 그러니 당신은 아마 높은 곳에서 뛰어내리고 싶을 것이다. 그런 다음에는 매우 빠르게 어딘가를 미끄러져 내려가고 싶을 것이고, 또 다른 곳에서 위험한 놀이를 하고 싶을 것이다. 무엇이 이 도시를 이렇게 만들었을까. 무엇이 모든 소년, 소녀를 야외로 불러들였을까. 퀸스타운은 아드레날린의 도시다. 여기 와서 손에 땀을 쥐게 하는 액티비티를 두세 가지 하지 않았다면 실패한 거나 다름없다. 공포 체험은 이미 충분히 했다면 느긋하게 오토바이 타기, 편안한 보트 여행 등 다른 체험도 충분히 많으니 걱정 마시길.

와인 시음 트레일 참여하기

말만 들으면 자전거 타기와 와인 시음은 전혀 어울리지 않는 조합 같다. 하지만 실제로 자전거는 퀸스타운 지역의 우수 와인 양조장 투어를 하기에 완벽한 도구다. 이동 중 경치를 즐길 수도 있고 어느 정도 운동도 된다. 어라운드 더 베이신 바이크 투어스Around the Basin Bike Tours나 포크 앤드 페달 투어스Fork and Pedal Tours 같은 회사에서는 자전거를 타고 깁스톤 밸리 지역의 양조장을 투어할 수 있는 상품을 제공한다. 시내까지는 다시 밴으로 태워다 준다.

www.aroundthebasin.co.nz

www.forkandpedal.co.nz

강에 뛰어들기

퀸스타운 주위에는 산악 지형을 구불구불 통과하는 강이 여러 개 있다. 그리고 이 강들은 다양한 어드벤처 회사가 여러 용도로 사용한다. 이 주변에서는 급류 래프팅, 제트 보트 타기, 리버 보딩, 플라이 피싱 등을 할 수 있다. 제트 보트 타기가 아마 가장 인기 있는 활동일 텐데, 타는 사람 입장에서는 딱히 힘들 게 없다. 그저 구명조끼를 입고 손잡이만 단단히 붙잡고 있으면 조종사가 숏오버강Shotover River 구석구석으로 안내해 줄 것이다.

www.shotoverjet.com

하이킹하기

밥스 피크 Bob's Peak 정상까지 운행하는 곤돌라가 있기는 하지만 도보 여행이라는 더 모험적이고, 활동적이며, 저렴한 방법이 존재한다. 한 시간가량 걸리며 완전히 무료다. 정상에서는 번지점프, 썰매 타기, 산악자전거 타기 같은 체험을 해볼 수도 있고, 벤 로몬드 Ben Romond 정상까지 등산을 이어갈 수도 있다. 이 코스는 왕복 4~6시간 정도 걸린다.

번지점프하기

꼭 해야 한다. 번지점프의 고향, 세계 모험의 수도까지 와서 발목에 굵은 고무 밴드를 하고 뛰어내리지 않는다는 것은 말이 안 된다. 43미터 높이의 카와라우 다리가 원조다. 이곳에서 보는 경치는 정말 장관이다. 하지만 밥스 피크 꼭대기 절벽에서 바라보는 풍경은 훨씬 더 기가 막힌다. 47미터 높이인 이곳에서는 튼튼한 가슴 벨트를 하기 때문에 다리를 자유롭게 움직일 수 있다. 진정 용감한 사람이라면 네비스 Nevis 번지로 가자. 134미터 높이 바위 협곡 아래로 뛰어내릴 수 있다.

www.bungy.co.nz

이 지역은
와인 양조장으로 유명하며
대부분 방문객들에게
열려 있다.

카와라우 다리에서 번지점프를 한 사람이
안전하게 이동하고 있다.

시드니

SYDNEY

시드니의
유명한 하버 브리지.

우선 고백하자면,
난 시드니 방문객이
어떤 느낌을 가질지 잘 모른다.

적어도 10년 동안은 새로운 방문객들이 이 멋진 도시에 대해 어떤 감정을 느낄지 모른 채 살아왔다. 시드니는 내 집이기 때문이다. 난 매일 아침 여기에서 눈을 뜬다. 나는 이 도시의 해변, 반짝이는 항구와 넓디넓은 초원, 술집과 음식점, 펍과 클럽, 카페, 와인 바, 스포츠 경기장, 미술 갤러리 등 시드니를 이렇게 아름다운 도시로 만드는 모든 것을 자랑스럽게 여기고 있다. 나는 시드니를 세세하게 알고 있다. 시드니가 왜 인기 있는지, 장단점이 무엇인지, 이곳을 어떻게 활용할지 다 안다.

좋은 소식이라면 시드니의 매력을 손에 넣기 위해 딱히 큰 노력을 하지 않아도 된다는 것이다. 이곳은 예를 들어 멜버른과는 다른 도시다. 멜버른처럼 지역 명소를 꼭꼭 숨기고 있다거나, 도시의 매력을 발견하기 위해 현지에 대한 풍부한 지식을 쌓아야 하는 곳이 아니라는 뜻이다. 시드니는 살짝 더 자신만만하고 살짝 더 대담하다. 모든 것이 밖으로 드러나 있다. 저 항구, 해변, 펍과 술집, 음식점 모두 편하게 접근할 수 있고, 모든 게 분명하고, 대중적이며 출입이 자유롭다.

시드니는 나 홀로 여행객에게 최고의 도시다. 이건 내가 확실히 안다. 13년 전 배낭과 에어 매트리스를 메고 이곳에 왔다가 나도 모르게 자신의 길을 찾아 나서게 된 사람으로서, 그때 이후 이곳을 고향이라고 부르게 된 사람으로서 하는 말이다. 시드니는 새로운 사람들을 포용하는 도시다. 아마 전 세계에서 온 여행객과 이민자로 구성된 나라이기 때문이리라. 다들 여기서 며칠, 몇 주, 몇 년, 심지어 평생을 보내기 위해 이끌려 온 사람들이다. 시드니는 다문화이며 다양하다. 한가롭고 느긋한 바닷가 분위기부터 힙스터들이 좋아할 만한 쿨한 느낌까지, 바닷바람을 맞으며 노는 탈색한 금발 머리부터 수염 난 사람, 타투이스트까지 다 있다.

시드니는 거대한 이민자 공동체로 이루어진 곳이기도 하다. 그리스, 이탈리아, 베트남, 태국, 포르투갈, 중국, 브라질, 그 외 수많은 나라에서 온 사람들이 도시에서 작은 지역을 이루고 살기 때문에 이런 곳을 탐방하고 즐길 수도 있다.

시드니에 오면 이미 유명한 것, 뻔한 것을 경험하는 게 좋다. 그런 곳들이 실제로 정말 좋은 곳이기 때문이다. 내가 시드니에 살고 있으니 시드니 시민, 즉 시드니사이더만 알 법한 비밀스러운 팁, 자잘한 정보를 많이 알고 있으리라 생각할 것이다. 물론 그렇긴 하다. 하지만 친구들이 시드니에 놀러 오면 나는 일단 인기 있는 명소, 시드니를 세계적으로 유명하게 만든 장소로 데리고 간다. 본다이 비치 Bondi Beach, 하버 브리지

Harbour Bridge, 오페라하우스, 본다이-브론테Bronte 워크, 맨리 페리Manly Ferry, 노던 비치Northern Beaches 같은 곳 말이다.

그런 곳들은 그 자체로도 관광할 가치가 있지만, 거리상 멀리 떨어져 있는 비슷한 곳들을 경험하기 전 관문으로서도 의미도 있다. 예를 들어 본다이 비치에는 시드니에서 가장 유명한 모래사장이 있으며 하루, 이틀 정도 놀기에는 좋은 장소다. 하지만 시드니에만 해변이 100군데는 넘는다. 마러브라Maroubra, 나라빈Narrabeen 같은 서핑 메카부터 팜 비치Palm Beach나 빌골라Bilgola 같은 가족적인 모래사장, 발모랄Balmoral, 캠프 코브Camp Cove, 클론타프Clontarf 같은 조용한 해변까지 다양하다. 같은 맥락에서 해변가의 본다이-브론테 워크도 대표적인 곳이지만 시드니에는 이외에도 수많은 하이킹 트레일이 있다. 맨리 페리도 마찬가지다. 이걸 타고 나면 서큘러 선착장Circular Quay에서 타롱가 동물원Taronga Zoo를 지나 왓슨스베이Watsons Bay로 가는 다른 페리도 찾아보고 싶다.

음식 또한 주목해야 한다. 전 세계에서 온 온갖 요리가 있기는 하지만, 그래도 시드니사이더들이 가장 좋아하는 외식은 브런치다. 호주인들은 아침 식사와 점심 식사 사이에 먹는 브런치를 굉장히 좋아하는데, 주말이면 오후 3시까지 브런치를 즐길 수 있다. 카페에 앉아 훌륭한 커피를 마시며 으깬 아보카도를 얹은 토스트부터 베이컨과 달걀, 라멘까지 무엇이든 즐길 수 있다. 이 시간에 친구도 만나고 일광욕을 하면서 저녁 계획을 짤 수도 있다.

그런 점에서 시드니는 즐길 것이 많다. 엄격한 주류 판매법 때문에

시드니에서는 매 순간이
기념하고 싶은 시간이다.

늦은 밤 파티를 열기는 힘들지 몰라도, 저녁에 즐길 건 여전히 많다. 작은 바도 급속히 늘어나고 있고 펍 문화도 확실히 자리 잡았다. 인종, 성별, 성적 지향 측면에서 다양한 사람들이 모여 있지만 수많은 도시 규범 덕분에 안전한 환경이 보장된다.

시드니는 얼핏 보면 살짝 건방진 느낌, 조금 현란하고 성의 없는 느낌을 줄 수도 있다. 하지만 마음 따뜻한 곳이다. 여러분도 일단 한 번 나의 도시에 와본다면, 더 이상 낯선 손님 같은 느낌이 들지 않을 것이다.

언제 갈까

시드니는 야외 활동을 원하는 사람들이 많이 찾는 해안 도시이기 때문에, 여름 (12~2월)이 가장 바쁘다. 낮에는 바닷가가 사람들로 꽉 차 있고 밤에는 술집이 붐빈다. 하지만 수영에 딱히 관심이 없다면 파란 하늘, 상쾌한 공기를 느낄 수 있는 겨울(6~8월)의 시드니도 기가 막히고, 성수기와 비수기 사이도 똑같이 사랑스럽다. 축제를 좋아하는 사람들이 일부러 찾아올 만한 축제도 여럿 있다. 시드니 페스티벌은 매년 1월, 3주 동안 열리며 콘서트, 연극, 전시 등을 골고루 볼 수 있다. 3월에 열리는 게이와 레즈비언의 축제 마르디 그라도 인기다. 5, 6월의 비비드 페스티벌은 하버프런트에서 열리는 성대한 빛의 축제다. 매년 10월, 11월에 열리는 스컬프처 바이 더 시 Sculpture by the Sea는 본다이-브론테 워크를 배경으로 벌어지는 야외 전시로, 미술과 사진을 좋아하는 사람이라면 꼭 참여해보자.

▶ 시드니의 밤 유흥 문화가 다시 활기를 띠고 있다.
◀ 시드니의 중심 업무지, 조지 스트리트.

▲ 시드니의 수많은 해수욕장은
  대중에게 개방되어 있다.
▼ 서퍼가 파도를 타기 위해
  준비하고 있다.

어디서 지낼까

시드니에는 배낭여행객을 위한 호스텔이나 셰어 하우스 같은 저렴한 숙소가 많다. 그러므로 여행객이 고민해야 할 문제는 시드니 어느 지역에 숙소를 정할지 결정하는 것이다. 센트럴 스테이션Central Station 주변에는 호스텔이 넘쳐난다. 공항이 매우 가깝고 차이나타운까지 걸어서 갈 수 있으며 서큘러 선착장과 하버도 쉽게 접근할 수 있기 때문이다. 한편 한때는 홍등가였던 킹스크로스Kings Cross는 최근 고급 주택지로 변모했고, 공항에 접근하기 쉽다. 본다이도 인기 있는 장소다. 오가기가 쉽지 않은 곳이지만, 본다이에 있는 대부분의 사람들이 그러하듯, 거기서 나올 계획이 없다면 아무 문제가 되지 않는다. 맨리 역시 좋다. 중심 업무지에서 페리를 타고 30분만 가면 되는 느긋한 바닷가로, 전혀 다른 세상 같은 느낌을 준다.

시드니 하버 YHA Sydney Harbour YHA, 더 록스The Rocks

이곳만큼 전망이 좋은 유스호스텔은 찾기 힘들 것이다. 솔직히 시드니 하버 YHA 정도의 경치를 자랑하는 럭셔리 호텔을 찾는 것도 하늘에 별따기랄까. 이곳 루프톱 테라스에서는 시드니 하버 브릿지, 오페라 하우스, 반짝이는 항구를 한눈에 담을 수 있다. YHA는 유서 깊은 '더 록스' 구역에 있는 유일한 호스텔. 중심 업무지와 서큘러 선착장까지 걸어서 갈 수 있는 거리인 데다, 넓은 부엌, 호스텔 내 식료품 가게, 욕실 딸린 객실 같은 시설까지 갖추고 있다.

110 Cumberland St, The Rocks

yha.com.au

본다이 백패커스Bondi Backpackers, 본다이 비치Bondi Beach

본다이는 시드니가 아니다. 뭐랄까, 시드니 같은 느낌이 들지 않는다. 이 유명한 지역은 그 자체의 독특한 분위기가 있다. 본다이에서 만나는 사람들은 모두 다 햇볕에 그을려 있고 몸이 탄탄하며 아름답다. 이곳은 전 세계 각계각층의 배낭여행객과 여행객이 모여드는 허브 같은 곳이며, 모래, 소금, 맥주

몇 잔이 있는 곳에서 하루를 보내고 싶은 사람들에게 가장 좋은 장소다. 본다이 백패커스는 이름 그대로, 본다이 해변 바로 앞에 위치한다는 장점이 있다. 넓은 공용 루프톱에서 전망을 즐기기에 좋다(요가 수업도 한다). 무료로 서핑보드를 대여할 수도 있고, 매주 사교 행사도 열린다.

110 Campbell Pde, Bondi Beach

www.bondibackpackers.com.au

◀ 센트럴 스테이션 지역에서는 달링 하버 같은 해안가로 이동하기 편하다.
▶ 하이드 파크에서 갖는 명상 시간.

매년 열리는
스컬프처 바이 더 시,
본다이 해변 근처에서
열리는 야외 전시다.

… 본다이에서 만나는 사람들은
모두 다 햇볕에 그을려 있고
몸이 탄탄하며 아름답다.

어디서 먹을까

멜버른이 호주의 요리 중심지이긴 하지만, 저렴하고 맛있는 각국 요리만 생각하면 시드니도 만만치 않다. 시드니에서 몇 블록만 어슬렁거리다 보면 태국에서 한국, 이탈리아에서 포르투갈, 브라질에서 멕시코 등등 전 세계에서 온 음식을 만날 수 있다. 저렴한 식사 하면 역시 차이나타운이겠지만, 뉴타운Newtown, 글레브Glebe, 달링허스트Darlinghurst, 본다이, 쿠지Coogee에도 적절한 가격의 음식점이 많다.

시드니는 카페 문화가 발달했다. 특히 주말이면 자전거를 타고 가다가 급히 에스프레소로 카페인을 충전하는 사람들, 햇볕을 받으며 식사하는 가족들, 으깬 아보카도와 플랫 화이트의 도움으로 숙취를 이겨내려고 하는 젊은이 등, 수많은 사람으로 도시 전체의 카페가 북적인다. 시드니는 대체로 날씨가 좋기 때문에 야외에서 먹고 마시는 사람들이 많다.

노스 본다이 RSL North Bondi RSL, 노스 본다이

본다이는 유행을 좇는 음식점으로 가득하다. 치아 시드나 고지베리처럼 건강에 좋은 재료를 이용하는 최신 메뉴도 있다. 노스 본다이 RSL은 이런 음식점이 아니다. RSL은 전·현직 군인을 위한 단체인 'Returned & Services League'를 의미하며 이들이 운영하는 클럽이 호주 전역에 퍼져 있다. 이 소박한 음식점에서는 실속 있는 요리와 값싼 술을 판다. 그리고 노스 본다이에 있는 RSL은 마침 이 지역에서 가장 뛰어난 경관을 자랑하는 곳에 위치해 해변 전체가 한눈에 들어온다. 이렇게 경치 좋은 곳에서 이만큼 저렴한 식사를 할 수 있는 데가 또 있을까?

118 Ramsgate Ave, North Bondi

www.northbondirsl.com.au

챗타이Chat Thai, 다양한 지역

호주에 처음 온 사람들은 놀랄 정도로 호주 사람들은 태국 음식을 좋아한다. 팟타이는 이곳 국민 요리라고 해도 될 만큼 대중적이

시드니사이더는 모닝커피를 즐긴다.

명 식당 중 하나다. 시드니 사람들이 좋아하는 브런치는 늦은 아침이나 이른 점심 식사인데, 전날 밤을 어떻게 보냈느냐에 따라 늦은 점심 식사가 될 수도 있다. 빌스는 시드니에서 가장 인기 있는 브런치 식당이며 실제로도 그 명성에 걸맞은 음식을 판매한다. 바나나와 허니콤 버터를 곁들인 리코타 핫케이크 또는 빌스 크리미 스크램블드에그를 먹으면 누구나 고개를 끄덕이게 될 것이다. 본다이, 서리 힐스, 달링허스트에 체인점이 있다.

다양한 지역

> www.bills.com.au

며, 소금과 후추를 뿌린 오징어 튀김은 고급 식당부터 펍까지 거의 모든 식당 메뉴에 포함되어 있다. 시드니에는 훌륭한 타이 음식을 파는 음식점이 상당히 많은데 그중에서도 최고는 챗타이로, 시드지 전역에 체인점을 내고 강렬하고 맛있는 타이 음식을 판매한다. 서큘러 선착장, 차이나타운, 맨리, 중심 업무지에 있는 챗타이에 방문해보자. 예약 없이 가도 언제나 환영이다.

다양한 지역

> www.chatthai.com.au

휴고스Hugos, 맨리

빌스처럼 휴고스도 시드니의 명물이다. 맨리에서 돈을 좀 쓰더라도 근사한 점심 식사를 하고 싶다면 이만한 곳이 없다. 사실 시드니에 여기보다 괜찮은 피자를 파는 곳이 있을 것이다. 더 싼 곳도 확실히 있을 것이다. 하지만 휴고스는 맨리 부두에서 최고의 위치를 선점하고 있기 때문에 경관이 뛰어나며 (좋든 싫든) 전형적인 시드니 사람들로 가득하다. 음료수 몇 잔을 시키고 피자를 나눠 먹으며 흠뻑 즐겨보자.

Manly Wharf, 1 E Esplanade, Manly

> www.hugos.com.au

빌스Bills, 다양한 지역

시드니에 오면 반드시 찾게 되는 시드니 유

서리 힐스에서 즐기는 유쾌한 식사.

어디서 마실까

시드니는 힘든 시간을 보내왔다. 시드니의 밤 문화는 멜버른의 편안한 유럽 스타일 유흥에 비하면 늘 하찮았지만, 이 도시는 그 자체를 자랑스럽게 여기려고 줄곧 애써왔다. 그렇게 시드니는 늘 더 배타적이고, 더 냉정하고, 더 고상한 체했다. 그러다 킹스크로스와 중심 업무지 같은 핫 스폿에서 사실상 밤늦게 술 마시는 걸 금지하는 새로운 법률까지 생겼다.

하지만 시드니도 변하고 있다. 독립적인 작은 바들이 유흥 중심지 또는 더 조용하고 친근한 교외에 속속 생겨나고 있다. 오래된 라이브 공연장은 사라지고 있지만, 또 새로운 곳들이 생겨나고 있다. 시드니는 또한 혼자 돌아다니기에 충분히 안전하며, 저녁에 술집에서 혼자 쉬고 있어도 아무도 개의치 않을 만한 곳이다.

오페라 바 Opera Bar, **시티**City

오페라 바처럼 좋은 술집이 있는 게 놀라울 정도다. 서큘러 선착장 바로 옆에 자리하면서, 한쪽으로는 유명한 오페라하우스가 보이고, 다른 한쪽으로는 하버 브리지가 보이는 곳이라면 누가 봐도 바가지를 씌울 것처럼 보인다. 혹은 관광객에게만 인기 많은 허접한 술집일 것 같다. 하지만 실제로는 가격은 합리적이고 손님들은 친절하다. 게다가 여기서 보는 일몰 풍경은 진심 최고다. 단체 손님이 많을 수도 있지만 나 홀로 손님을 위한 방도 많으니 걱정하지 마라. 갈 때는 사진기를 챙기자.

Sydney Opera House, Macquarie St, Sydney

www.operabar.com.au

셰이디 파인즈 살룬 Shady Pines Saloon, **달링허스트**

이곳은 최근 변화하고 있는 시드니 술집의 모습을 여실히 보여주는 완벽한 예다. 시드니에서는 멜버른의 세련되고 가식 없는 술집을 흉내 낸 조그만 술집이 엄청나게 많이 생겨나고 있기 때문이다. 셰이디 파인즈는 최근 들어 큰 인기를 얻은 미국 서부 느낌의 지하 공간으로, 판매하는 맥주와 위스키 종류도 굉장히 다양하다. 시드니 성 소수자들의 심장부, 옥스퍼드 스트리트Oxford Street와도 굉장히 가까워서 시간을 보내기에 아주 좋다.

256 Crown St, Darlinghurst

www.shadypinessaloon.com

프랭키스 피자 바이 더 슬라이스Frankie's Pizza by the Slice, 시티

이곳은 술집이자 라이브 공연장이자 피자 가게로 여러 가지 카테고리에 속하는 곳이다. 어쨌든 싼 음식과 맛있는 크래프트 맥주를 먹을 수 있는 최고로 재미있는 곳이라 할 수 있다. 프랭키스는 중심 업무 지구의 샐러리맨용 술집과 오피스 타워 틈에 자리 잡고 있는데, 그 동네 분위기와는 어울리지 않게 하드록을 트는 술집이라서 안에 들어가면 다들 찢어진 청바지에 록 밴드 모터헤드 티

셔츠를 입고 있다. 피자도 굉장히 맛있다.

50 Hunter St. Sydney

www.frankiespizzabytheslice.com

아이스버그스Icebergs, 본다이 비치

아이스버그스에 관한 팁을 줄까 한다. 아이스버그스는 본다이 비치 남쪽 끝, 오션 풀 위에 자리 잡고 있어 위치가 기가 막힌 레스토랑 겸 바다. 이곳에서 식사를 하는 건 부담이 될 수 있다. 가격이 천문학적이기 때문이다. 하지만 바에서 술 한잔 시키는 정도는 괜찮다. 그렇게 시드니의 경치를 즐기며 한 시간 정도 쉬는 거다. 아이스버그스의 바는 레스토랑보다는 훨씬 캐주얼하며 나 홀로 손님에게 잘 맞는다.

1 Notts Ave, Bondi Beach

www.icebergs.com.au

오페라 바,
한잔할 장소로는
시드니에서 최고다.

무엇을 할까

나 홀로 여행객에게 좋은 소식. 시드니에서는 할 게 정말 많다. 그리고 대부분의 명소가 무료다. 해변도 누구나 공짜로 접근할 수 있고 국립공원이나 정원도 마찬가지다. 시드니는 풀밭을 걸어보라고, 새소리에 맞춰 노래를 불러보라고, 나무를 안아보라고 부추기는 도시다. 혹시나 날씨가 좋지 않아도 걱정할 것 없다. 시드니에는 여러분을 즐겁게 해줄 미술관, 박물관 쇼핑 아케이드가 충분하니까 말이다.

섬 구경하기

시드니의 유명한 항구들은 여러 섬에 흩어져 있는데, 그 섬들 모두 접근이 쉽고 여행하기에도 안전하다. 가장 큰 섬은 코카투 아일랜드Cockatoo Island로 원래 조선 및 수리를 하는 부두였고, 감옥이나 소년원도 있었다. 하지만 지금은 축제를 위한 장소이자 글램핑 텐트를 완비한 숙박 시설이기도 하다. 정기적으로 운행하는 페리도 있다. 또 다른 곳으로는 1일 투어가 가능한 조그만 섬, 포트 데니슨Fort Denison이 있다. 고트 아일랜드Goat Island는 한때 해군 기지였던 곳으로 매월 첫째 · 셋째 주 일요일에만 개방한다. 로드 아일랜드Rodd Island는 작은 바위섬으로 섬의 내항에는 수상 택시로만 접근할 수 있다.

하이킹하기

시드니는 원래 해변으로 유명하지만, 시내에서 손쉽게 갈 수 있는 넓게 뻗은 국립공원과 자연보호 구역, 그 주변 산책로도 그냥 지나치기엔 아깝다. 가장 유명한 산책로는 아마 본다이에서 브론테로 이어지는 해변 산책로일 것이다. 그 외에도 서큘러 선착장에서 여러 국립공원을 거쳐 맨리까지 가는 길도 있고, 멋진 숲 지대를 찾아 북쪽으로 쿠링가이체이스 국립공원Ku-ring-gai Chase National Park에 가볼 수도 있다. 모든 산책로가 홀로 돌아다니기에 완벽한 곳이다.

서핑 배우기

시드니에는 아름답고 깨끗한 해변이 100개 이상 있다 보니 자연히 서핑이 유명해졌다. 여러분도 서핑에 도전해볼 수 있다. 서핑 클래스는 동료 여행객을 만나기에 좋을 뿐 아니라 현지의 열정을 경험하기에 가장 좋은 방법이기도 하다. 그리고 서핑을 한번 배워놓으면 호주 다른 지역을 여행할 때도 유용할 것이다. 서핑 스쿨은 본다이, 맨리, 마러브라, 디와이Dee Why 등에 있다.

이너웨스트 Inner West 여행하기
본다이 해변이나 하버 브리지 같은 뻔한 명소에 싫증이 났다면 뭔가 색다른 곳으로 발길을 돌려보자. 바로 시드니의 이너웨스트, 바로 뉴타운, 매릭빌Marrickville, 엔모어Enmore,

애넌데일Annandale 같은 에지 있고 흥미로운 지역으로 말이다. 이곳은 덜 붐비고 더 느긋한 곳으로, 벽에는 거리 미술 작품으로 장식되어 있고 사람들 얼굴에는 피어싱이 장식되어 있다. 영 헨리스Young Henry's나 배치Batch, 그리프터Grifter 같은 소형 양조장에도 가보자. 더 코트하우스The Courthouse나 더 빅 온 더 파크The Vic on the Park 같은 클래식한 술집에서 시간을 보내도 좋다. 콘서트에도 가고 와인 바에서 와인도 마시면 이게 바로 '진짜' 시드니다.

시드니 이너웨스트에 있는 뉴타운은 도시 생활을 더 적나라하게 경험할 수 있게 해준다.

본디이에서 왓슨스 베이까지
이어진 산책로에는 해안 절벽이
장관을 이루고 있다.

호찌민

HO CHI MINH CITY

호찌민 티엔허우 사원에는
베트남의 신이
봉안되어 있다.

한때 사이공이라 불렸던
이 도시의 낭만은
어디에서 기인한 걸까?

혹시 거리에서 한눈에 보이는 역사 때문일까? 프랑스에서 영향받은 건축양식, 금방이라도 쓰러질 것 같은 아파트, 유럽 스타일의 넓은 대로, 호찌민시를 먹여 살리는 복잡한 강의 지류 같은 것들 말이다. 아니면 현대적인 느낌 때문일까? 동서양이 만나 만들어낸 활기, 술집과 음식점에서 쏟아져 나오는 젊은 사람들, 에어컨 나오는 쇼핑몰 근처에 어울리지 않게 서 있는 거리 음식 가판대, 경적과 소음이 뒤섞인 불협화음? 혹은 단순히 날씨 때문일 수도 있다. 후텁지근 끈끈한 공기가 낭만과 딱 어울리는 걸 수도.

사실은 한마디로 정의하기 힘들다. 저 모든 게 다 이유일 수도 있고, 다 아닐 수도 있다. 하지만 확실한 건 한때 사이공(전쟁 이후 이름이 바뀌었지만 이곳 현지인들은 아직도 이렇게 부른다)이라 불린 호찌민에는 사람을 끌어들이는 무언가, 이곳으로 불러들여 머물도록 부추기는 무언가가 있다는 것이다. 어쨌든 이곳은 모험을 즐기는 여행객에게 맞춘 듯 딱 맞는 도시다. 정신없이 바쁜 길거리에서 손바닥만 한 플라스틱 의자에 앉아 2달러짜리 수상한 저녁 식사를 후루룩거리며 먹고 싶은 사람, 혼란 속에서 에너지를 얻는 사람, 뭔가 다른, 때로는 기이한 곳에서도 잘 지내는 사람에게 제격이다.

호찌민은 강력하다. 또 크다. 처음에는 겁이 날 수도 있다. 정복할 수 없을 것 같은 느낌, 그 엄청난 힘에 압도당해 휩쓸려 갈 것 같은 느낌이 들 수도 있다. 그러나 이 급속 성장 중인 거대 도시의 리듬에 익숙해지면 모든 것이 이해되기 시작한다. 사람들은 대체로 따뜻하며 친절하다. 여행객들은 좋은 대접을 받는다. 싸고 질 좋은 음식에 대한 열정도 있다. 가끔 교통이 너무 복잡해서 보행자들이 목숨을 부지하기 위해 이리저리 뛰어다녀야 하는 곳도 있지만, 이런 교통 사정까지도 언젠가는 받아들일 수 있게 된다. 이 도시의 상처 난 역사는 여전히 현재형이지만 미래는 밝은 듯 보인다.

호찌민은 혼자서도 쉽게 즐길 수 있는 곳이다. 배경에 금방 스며들어 혼자 외식을 하고 술을 마시고 도시를 탐험할 수 있게 된다. 또 배낭여행객이나 예산이 빠듯한 여행객도 충분히 즐길 수 있을 정도로 물가가 싸다.

그러다 보니 새로운 사람을 만날 기회도 많아진다. 가방 날치기나 소매치기, 택시 바가지 같은 자잘한 범죄는 피할 수 없겠지만 대체로 사이공은 안전한 곳이다. 대부분 여행객, 나 홀로 여행객까지 간단한 안전 예방 조치만 하면 별다른 문제 없이 지낼 수 있다.

이제 호찌민을 즐기는 일만 남았다. 어떤 관광객들은 사원이나 교회 같은 전통적인 명소에 이끌릴 텐데, 호찌민에는 물론 그런 곳들이 있다. 또 어떤 사람은 박물관이나 미술관을 어슬렁거리며 시간을 보내는 걸 좋아할 텐데, 역시나 호찌민엔 그런 곳도 있다. 쇼핑을 잔뜩 하거나, 사람 붐비는 벤탄 시장Ben Thanh Market을 돌아다니며 싼 물건을 사거나, 짝퉁 레저 웨어나 저렴한 기념품을 사러 길거리 가게를 뒤지고 다닐 수도 있다.

여러분 취향에 맞는다면 다 좋다. 하지만 또 하나 남은 게 있다. 이 도시를 즐기는 가장 필수적인 방법, 현지인의 마음을 이해하고 베트남 남부 문화의 절정을 즐길 수 있는 것, 바로 음식이다. 호찌민은 음식에 집착한다는 사실을, 이곳에 오자마자 바로 깨닫게 될 것이다. 여기엔 전 세계에서 온 음식이 있지만, 당연하게도 현지 음식이 최고다. 프랑스의 영향을 받은 것도 있고, 중국에 기원을 둔 음식도 있지만 대부분은 순수하게 베트남 남부식이다.

음식 자체만 즐거운 건 아니다. 그에 따라오는 과정도 즐겁다. 호찌민에서 맛있는 식사를 하고 싶으면 일단 좁은 골목으로 들어가서 낯선 사람들이 앉아 있는 탁자에 앉아 지나다니는 스쿠터를 피해 그릇에 든 국수를 후루룩거리며 먹어야 한다. 그리고 나서는 루프톱 바에서 시원한 맥주를 마시며 맛있게 먹은 식사를 씻어내려야 한다. 그렇게 다른 사람들이 하는 방식대로 이 도시를 즐기다 보면 머지않아 이곳을 떠나고 싶지 않다고 생각할 것이다.

스쿠터는 베트남을 돌아다니기에
가장 무서우면서도 가장 좋은 방법이다.

호찌민에는 사람을 끌어들이는 무언가,
이곳으로 불러들여 머물도록 부추기는
무언가가 있다.

호찌민은 언제나
따뜻하게 관광객을 맞아준다.

언제 갈까

호찌민 날씨는 크게 두 가지로 나뉜다. 바로 우기와 건기다. 우기는 5월에서 11월까지 이어지는데, 이때는 공기가 습하며 가끔 열대성 폭우가 내린다. 12월부터 4월까지는 하늘이 맑고 습도는 떨어진다. 다른 말로 하면 이때가 방문하기 가장 좋은 때라는 뜻이다. 1월 또는 2월인 베트남 설날, 뗏은 전국에 흩어져 있던 가족들이 뭉쳐 새해를 축하하는 날이기 때문에 가장 붐빈다. 4월에는 전국적으로 홍왕의 기일을 기념하는데, 이때는 전국적으로 떡 소비가 많아진다. 이 시기에 방문하는 것도 괜찮다.

◀ 구식 아파트가 이 도시의 큰 특징이다.
▼ 시장에서 만날 수 있는 신선한 채소.

▲ 메콩강변의 꾸밈없는 음식점
▼ 베트남 최고의 거리 음식 반미는 돼지고기 샌드위치다.
▶ 호찌민의 거리 미술 작품.
◀ 언제나 북적이는 팜응우라오 지역. 배낭여행객에게 적합한 곳이다.

어디서 지낼까

호찌민에는 저렴한 숙박 시설이 많다. 특히 배낭여행객이 많은 디스트릭트 1 내 팜응우라오 Pham Ngu Lao 지역에 가면 골목골목마다 지갑 사정을 걱정하는 여행객을 위한 각종 선택지가 마련되어 있다. 호찌민에서 유명하고 고급스러운 호스텔 체인점을 찾기는 쉽지 않을 것이다. 이곳 호스텔 대부분은 가족이 운영하는 방이 몇 개뿐인 조그맣고 친근한 곳이다. 배낭여행객들에게 익숙한 현대적인 시설을 갖추지 않은 곳도 있을 수 있다. 기대를 낮추고 그저 즐기자.

지역에 대해 말하자면 디스트릭트 1이 도시의 주요 허브라고 할 수 있다. 관광객을 위한 명소나 유흥을 위한 곳 대부분이 여기에 몰려 있다. 그러다 보니 여행객 대부분이 이곳, 특히 팜응우라오에서 지낸다. 디스트릭트 3의 남쪽 지역도 점점 인기를 끌고 있지만 관광지가 상대적으로 적다. 호스텔 말고 괜찮은 호텔을 찾고 있다면 디스트릭트 1 중심부로 가면 된다.

비칸 호스텔 Vy Khanh Hostel, **디스트릭트 1**
호찌민에서 가장 유명한 호스텔로 가족이 운영하는 친근한 곳이다. 팜응우라오 중심부에 있으며 저렴한 숙박 시설의 전형을 보여준다. 당신에게 필요한 모든 최신 설비, 즉 무료 와이파이, 에어컨, 세탁 시설, TV 룸, 관광 데스크, 작은 카페 등을 모두 갖추었다. 가족이 운영하므로 지역 정보 같은 것도 얻을 수 있고 진정한 베트남 사람들을 만나는 경험도 해볼 수 있다.

241/11/6 Pham Ngu Lao, District 1

www.vykhanh-guesthouse.com

더 하이드아웃 The Hideout, **디스트릭트 1**
맥주가 공짜다! 정말이다. 더 자세히 알고 싶은가? 디스트릭트 1에서 가장 인기 있는 호스텔인 하이드아웃에서는 하룻밤 묵을 때마다 오후 7시에서 8시 사이에 맥주 두 잔을 공짜로 제공한다. 다시 한번 말하지만 하이드아웃은 팜응우라오에 있고, 호찌민의 명소 대부분을 걸어서 갈 수 있다. 게다가 루프톱 바, 카페, 다양한 친목 공간이 있으며,

깨끗한 공용 객실에는 로커가 있고 침대 하나당 콘센트도 하나다. 파티 호스텔 같은 곳이어서 동료 여행객을 만나기에 좋다.

275-281 Pham Ngu Lao, District 1

www.hideouthostels.asia

호찌민의 북적이는
밤을 즐기는 사람들.

무엇을 먹을까

간단하게 대답하자면, 어디에서나 먹어도 된다. 이 멋진 도시의 거의 모든 음식점, 카페, 거리 음식 가판대에서는 흥미롭고 맛있는 먹거리를 판다. 베트남 남부 사람들은 잘 먹는 데 관심이 많다. 그들에게 음식은 일시적인 유행이 아니라 삶의 방식이다. 베트남 음식점은 대개 다양한 메뉴로 손님을 끌기보다는 한두 가지 메뉴만 전문적으로 파는 경향이 있다. 다들 뭘 먹는지 슬쩍 보고 그걸로 주문하면 된다.

이 지역 음식은 일반적으로 향신료를 덜 사용한다. 태국 음식처럼 고추를 잔뜩 넣지도, 중국 음식처럼 느끼한 기름을 많이 넣지도 않는다. 국물 요리가 인기 많으며, 구운 고기도 많이 판다. 당연하겠지만 호찌민의 위치상 해산물도 쉽게 볼 수 있다.

응우옌깐쩐 Nguyen Canh Chan, 디스트릭트 1

디스트릭트 1 조용한 구석에 자리 잡고 있는 이 보석 같은 음식점은 스쿠터 무더기와 커다랗고 빨간 차양 뒤에 숨어 있는데, 딱 한 가지 음식만 팔지만, 맛이 기가 막히다. 분 리엔에는 민물 게를 푹 끓인 진한 육수에 면, 구운 토마토, 잘게 자른 바나나 꽃, 게 알, 게살, 선지가 들어 있다. 참으로 '흥미롭게' 들리겠지만 나를 믿고 먹어보길. 분리에우는 맛있는 음식이고 그 음식을 시도해보기에 이 음식점이 딱이다.

18/5 Nguyen Canh Chan, District 1

꼬리엥 보라롯 Co Lieng Bo La Lot, 디스트릭트 3

북적이는 디스트릭트 3에 들어서면 가게 앞 숯불 그릴에서 뿜어져 나오는 연기 때문에 1마일 밖에서도 이 조그마한 가게를 찾을 수 있다. 보라롯은 길쭉하게 썰거나 잘게 간 소고기를 구장나무 잎으로 감싸 구운 뒤, 땅콩 소스를 뿌리고 신선한 양상추와 라이스 페이퍼로 다시 한번 싸 먹는 요리다. 굉장히 맛있다. 여기보다 더 맛있는 보라롯을 파는 가게는 찾기 힘들 것이다.

321 Vo Van Tan, District 3

게 육수로 만든
맛있는 국수,
분리에우.

옥찌엠 Oc Chi Em**, 디스트릭트 1**

아마 당신은 '옥'을 먹어본 적이 없을지도 모른다. 하지만 베트남에서는 별미다. '옥'은 현지어로 달팽이를 뜻하며 민물에서 사는 것도 있고 바다에서 사는 것도 있다. 디스트릭트 1에 있는 이 소란스러운 루프톱 음식점에 가면 다양한 방식으로 요리한 옥을 먹을 수 있다. 역시 이상하게 들릴 수 있다. 하지만 고추, 마늘, 생강과 함께 볶은 달팽이 요리 한 접시를 시켜놓고 시원한 호찌민 맥주를 마시다 보면 그 매력을 이해하게 될 것이다.

3 Cong Truong Quoc Te, District 1

반미 후인호아 Banh Mi Huynh Hoa**,
디스트릭트 1**

어디에서나 먹을 수 있는 쌀국수, 포 다음으로 베트남에서 인기 있는 음식은 아무래도 반미일 것이다. 이 음식에는 역사가 담겨 있다. 돼지고기, 채소, 허브를 프랑스 스타일 바게트에 끼워 넣고 톡 쏘는 콩 소스를 얹어서 먹는 음식이기 때문이다. 호찌민에서 가장 맛있는 반미는, 늘어선 손님들 줄로 판단하건대, 반미 후인호아에서 파는 것이다. 디스트릭트 1 북쪽에 있는 이 소박한 가게에서는 고기는 듬뿍 넣고 채소는 살짝만 가미한 반미를 판다. 맛있다.

26 Le Thi Rieng, District 1

어디서 마실까

호찌민은 파티 타운이다. 이 도시에 자기 이름을 빌려준 지도자 호찌민은 실망할지도 모르겠지만 현재의 시민들과는 상당히 잘 어울린다. 호찌민에서는 배낭여행객들만 술을 마시러 다니지 않는다. 외국인 거주자들의 파티 문화도 활발하고, 맥주 몇 잔에 춤과 노래를 곁들이고 싶어 하는 현지 서민도 많다. 나 홀로 여행객은 이 도시가 밤의 유흥을 즐기기에 상당히 저렴하고 편안한 곳이라는 걸 금방 알게 될 것이다. 물론 호스텔에서 그룹을 지어 여럿이 함께 움직이는 편이 혹시 일어날지도 모를 자잘한 범죄를 막을 수 있기 때문에 안전 측면에서는 더 유리하기는 하다.

서양인들의 마음을 끄는 장소 대부분은 디스트릭트 1에 위치한다. 부이비엔 스트리트 Bui Vien Street 쪽에서는 저렴한 마트표 맥주와 스낵을 팔고, 응우옌후에 Nguyen Hue 주변에는 고급 칵테일을 파는 루프톱 바가 있으며, 팜응우라오에는 지저분하지만 흥겨운 나이트클럽이 많다.

Q 바 사이공 Q Bar Saigon, **디스트릭트 2**
이 바는 직접 보기 위해, 그리고 다른 사람들에게 보이기 위해 가는 곳이다. 가격이 무척 비싸지만 여행객, 외국인 거주자, 현지 베트남인 등으로 넘쳐난다. Q 바는 1898년 지은 오페라하우스에 위치하기 때문에 네온 사인이 몇 개 붙어 있기는 해도 클래식한 매력을 간직하고 있다. 밤새도록 Q 바에 있고 싶지는 않을 것이다. 너무 비싸기 때문에. 하지만 한 시간 정도 칵테일을 마시며 쉬기에는 완벽한 장소다.

9a Ngo Quang Huy, District 2

르 펍 Le Pub, **디스트릭트 2**
르 펍은 고급스러운 느낌도 거의 없고 그렇다고 확실하게 현지 느낌이 나는 것도 아니다. 그럼에도 어째서인지 외국인 거주자들과 관광객들의 관심을 끈다. 요일과 상관없이 저녁이 되면 이 3층 건물은 온갖 사람들로 가득 차 있는 걸 발견하게 될 것이다. 원한다면 혼자서도 갈 수 있겠지만, 워낙 파티 분위기가 나는 곳이기 때문에 혼자 조용히 시간을 보낼 만한 공간이 거의 없다. 그러니 호스텔에서 사람을 모아서 가는 편이 훨씬 낫다.

75 Pham Ngu Lao, District 1

아포칼립스 나우 Apocalypse Now, 디스트릭트 1

그렇다. 가게 이름이 극히 촌스럽다. 엉성한 가짜 밀리터리 인테리어도 이 술집에 아무 도움이 안 된다. 그럼에도 호찌민에서 파티를 즐기고 싶다면, 모르는 사람들과 뒤엉켜 밤새도록 춤을 추고 싶다면, 게이 친화적이고 흥겨운 곳에 가고 싶다면, 다음 날 머리가 깨질 듯한 두통을 느끼며, 내가 어젯밤에 진짜 잘 놀았나 보구나, 하며 잠에서 깨고 싶다면! 여기가 제격이다. 미리 경고했으니 내 탓은 하지 말기를.

2B Thi Sach, District 1

쭝응우옌 카페 레전드 Trung Nguyen Café Legend, 다양한 지역

호찌민에서 뭔가 '마신다'고 하면 보통 알코올을 생각한다. 하지만 꼭 그럴 필요는 없다. 혹시 커피를 무척 좋아하는가? 당신에게 딱 맞는 곳이 있다. 베트남 커피는 세계적으로 유명하다. 그중에서도 쭝응우옌 카페 레전드 체인점에 가면 에어컨이 나오는 편안한 곳에서 한두 시간 정도 편안히 쉬면서 카페인을 보충할 수 있다. 연유와 진한 드립 커피를 섞어 얼음 위에 부어 먹는 카페 수어다를 시키자. 모든 시름이 사라진다.

다양한 지역

www.trung-nguyen-online.com

무엇을 할까

호찌민은 경험 많은 여행객에게도 감각 과부하가 올 수 있는 곳이다. 할 수 있는 활동이 무궁무진하게 많기 때문에 매일 무엇을 골라야 할지 고민스럽다. 값싸고 질 좋은 물건 사러 다니기, 관광, 먹기, 마시기, 돌아다니기, 투어하기. 이렇게 크고 복잡한 도시에서는 당신이 머무는 지역 근처에서 1일 투어를 하는 걸로 시작하는 게 가장 좋다. 주변을 살피고, 다시 가고 싶은 장소를 고르고, 이 도시를 이미 경험한 사람들과 대화도 나누면서 말이다. 호스텔에 있는 관광 데스크에 문의하면 여러 옵션을 제공해줄 것이다. 그럼 이제 이 도시는 모두 여러분 것이다.

사이공 버디 투어 Saigon Buddy Tour 참여하기

호찌민에서는 오토바이 투어를 제공하는 회사가 수도 없이 많다. 이 도시를 즐길 수 있는 가장 신나는 방법이 오토바이이기 때문이다. 현지인들도 오토바이를 선호하지 않는가. 사이공 버디 투어는 사용자 평점이 무척 높다. 스쿠터 뒷자리에 탄 채 도시의 하이라이트를 구경하고, 거리 음식도 맛보고, 작은 양조장에 들러볼 수도 있다. 현지 베트남 투어 가이드인 '버디'는 모두들 굉장히 친절하며 아는 게 많다. 영어 또한 완벽하게 구사한다.

www.saigonbuddytours.com

전쟁 유물 박물관 War Remnants Museum 관람하기

박물관에 간다고 꼭 그 지역 문화를 제대로 느낄 수 있는 건 아니다. 하지만 호찌민의 전쟁 박물관은 다르다. 당신이 알고 있다고 생각하던 베트남전쟁의 모든 것이 새롭게 느껴지는 계기가 될 것이다. 당신이 알고 있었던 건 미국의 전쟁 영웅과 악당에게 바치는 선동에 흠뻑 젖은 찬가였을 뿐이다. 그리고 실제로 연합군은 딱히 천사 같은 모습으로 등장하지도 않았다(이 박물관은 중국과 미국 전쟁 범죄 박물관으로도 불렸다). 역사를 다른 시선으로 바라보는 것도 의미 있다.

warremnantsmuseum.com

디스트릭트 1 밖으로 나오기

호찌민에 가면 해봐야 할 도전이다. 디스트릭트 1 내에서만 지내도 불편할 게 없다. 이 안에는 관광지, 숙소도 넘쳐나고 여행객이 가기 좋은 술집이나 음식점도 엄청 많기 때문이다. 하지만 '진짜' 호찌민을 경험하고 싶다면 좀 더 멀리까지 나가볼 필요가 있다. 디스트릭트 2에는 한가롭고 느긋한 매력이 넘치고 외국인을 위한 술집이 많다. 디스트릭트 3에는 훌륭한 음식점이 많으며, 디스트릭트 4는 현지 유흥 문화가 발달했다. 또 디스트릭트 5에는 거대한 빈떠이 시장Binh Tay Market이 있다. 모두 가볼 만하다.

델타에 가보기

호찌민에서만도 할 일은 산더미지만 하루 정도 시간을 내서 메콩 델타Mekong Delta에 들러 완전히 다른 느낌의 베트남을 경험해 보는 것도 좋다. 어번 어드벤처스에서는 호찌민에서 미토My Tho라는 항구도시까지 1일 투어를 운영한다. 미토에 가면 메콩강에서 짧게나마 크루즈를 탈 수 있고, 현지 레스토랑에서 전통 요리를 먹을 수도 있으며 시장도 방문한다. 호찌민에서보다 좀 더 느긋하게 여러 경험을 해볼 수 있다.

www.urbanadventures.com

▲ 투어 회사 이지 라이더스에서는 두 바퀴로 베트남 남부를 둘러볼 수 있는 멋진 투어를 운영한다.
▼ 메콩 델타의 수상 생활.

이스파한

ISFAHAN

17세기에 지은
시오세 다리는 저녁 산책으로
인기 있는 장소다.

이스파한에
깊이 빠진 사람은
내가 처음이 아니었다.

이란의 아름다움에 푹 빠져 사랑을 표현한 시인, 작가, 탐험가 등은 한둘이 아니다. 16세기 어떤 이가 'Isfahan nesf-e-jahan', 즉 '이스파한이 세상의 절반'이라는 말을 만들어냈을 정도니까. 하지만 이 말은 이스파한을 제대로 설명해주지 못한다. 이스파한에서 하룻밤만 지내면, 아치형 길로 둘러싸인 중앙 광장 나크셰 자한^{Naqsh-e Jahan}의 벤치에 앉아 있으면, 페르시아의 옛 수도는 단순히 세상의 절반이 아니라 세상 그 자체라는 사실을 깨달을 것이다.

광장에 앉아 있으면 하루 저녁에 무척 많은 것을 구경할 수 있다. 상인들은 광장 양쪽을 감싸고 있는 아치 모양 돌길을 서둘러 지나간다. 학생들은 분수 앞에서 사진을 찍느라 포즈를 취한다. 기도 시간을 알리는 무에진^{muezzin}은 사람들에게 기도할 시간을 알리며 모스크로 향한다. 여자들은 천천히 어두워지는 저녁 불빛 속에서 벤치에 삼삼오오 모여 앉아 수다를 떤다.

여러분도 사람을 만날 수 있다. 그것도 아주 많은 사람을. 현지 모스크를 구경시켜주겠다고 다가오는 학생들, 물건을 팔려는 게 아니라 그저 "이란에 온 걸 환영해"라고 말하려고 다가온 근처 상점 판매원, 당신이 누군지, 어디에서 왔는지, 이 나라를 어떻게 생각하는지, 이 세상을 어떻게 생각하는지 궁금해하며 같이 대화를 나누고 싶어 하는 젊은이.

이스파한에서 가장 멋진 것? 그건 바로 진실된 사람들이다. 이 사람들은 진심으로 자기들 나라를 찾은 당신을 환영해주고 싶어 한다. 모스크를 보여주고 싶어 하고, 당신을 알고 싶어 하며, 함께 차를 마시고 싶어 한다. 심지어 저녁을 먹으러 자기 집에 초대하려고도 한다. 속임수나 사기가 아니다. 그저 따뜻한 마음과 환대일 뿐이다.

나는 서로 영어 실력을 뽐내려고 다투는 아이들 무리에 이끌려 이맘 광장, 그리고 광장에 높이 솟아 있는 파란 돔의 모스크인 마스제데 이맘 <u>모스크</u>Masjed-e Imam Mosque까지 가서 복잡한 타일 작품을 본 적이 있다.

또 이스파한에서 좀 더 자유로운 구역 중 하나인 아르메니안 쿼터 Armenian Quarter, 그 안에 있는 으리으리한 호텔에서 커피를 홀짝이다가 하미드라는 현지인을 만나 저녁 초대를 받은 적도 있다. 거대한 시오세Si-o-Seh 다리 옆에서 저 멀리까지 반짝이는 오렌지색 아치 불빛을 응시하고, 지나가는 사람들의 모습을 지켜보며 하루를 마감한 적도 있었다.

이스파한은 아름답다, 정말로 아름답다. 궁전이나 정원부터 모스크와 다리, 광장까지 모두. 하지만 사랑에 빠질 때 늘 그러하듯, 이스파한에서 가장 중요한 건 외적인 모습이 아니다. 도시에 푹 빠지게 만드는 요소, 다시 돌아가고 싶게 만드는 요소는 바로 그 도시의 개성이다.

　이 장을 펼쳤을 때 아마 이스파한이 낯선 곳이라고 생각했을 것이다. 일반적으로 이란은 나 홀로 여행객의 안내서에 잘 등장하지 않기 때문이다. 물론 이해는 한다. 이란은 늘 서양의 적, 악의 축의 일부, 테러를 돕고 핵무기를 만드는 나라로 알려져 있기 때문이다. 또 모르지. 실제로 이란이, 아니면 적어도 이란의 정부만큼은 진짜 그럴 수도 있다.

　하지만 이런 것들은 여행객인 당신이 걱정할 문제가 아니다. 실제로는 지구상에서 이란만큼 친근한 곳도 없다. 여기만큼 현지 사람들을 만나기 쉽고, 현지 친구들을 사귀기 쉬운 나라는 찾아보기 힘들다. 이란은 안전하며 여행객을 반겨준다. 그리고 즐거운 곳이다. 그중에서도 이스파한이 최고다. 나크셰 자한에만 가보면 내 말이 사실이라는 걸 알게 될 것이다. 손으로 직접 그린 타일로 화려하게 장식한 모스크, 학교인 마드라사, 종교적 기념물을 둘러보면 바로 내 말을 이해할 것이다. 아르메니안 쿼터에 있는 음식점에서 하룻밤만 지내면, 열한 개의 다리 중 하나라도 걸어서 건너보면, 지붕 덮인 시장 바자르에서 쇼핑을 하다 보면, 옛 궁전 정원에서 쉬다 보면… 의심의 여지없이 깨닫게 될 것이다. 이게 다 사실이라는 걸.

　이스파한은 이란 다른 지역과 마찬가지로 물가가 대단히 싸다. 작은 게스트하우스에서 큰 맨션까지 부담 없이 어느 곳에서나 묵을 수 있다. 레스토랑에서 밥을 먹고, 품질 좋은 기념품을 사고, 이동할 때 택시를 타도 예산을 지킬 수 있다. 이스파한 사람들은 고대 도시의 아름다움을 뽐내고 싶어 할 뿐만 아니라 이란의 다른 측면, 뉴스에는 절대 나오지 않는 다른 면을 세상에 알리고 싶어 한다. 친절하고 따뜻한 면 말이다. 당신 역시 이런 점에 놀랄 것이고 몇 번이고 반복해서 감동하게 될 것이다.

당신이 찾는 것이 모험, 역사, 전통, 그리고 흔히 가는 길에서 살짝 벗어나야만 느낄 수 있는, 뭔가 다른 곳에 가야만 접할 수 있는 이국적인 느낌이라면, 이스파한은 온전히 당신 것이다. 사랑에 빠지는 건 시간문제다.

보조르그 바자르에서
물건을 사는 사람들.

언제 갈까

이스파한에는 비가 자주 내리지 않는다. 평균적으로 일 년 중 겨우 13일 정도만 날이 궂으니 여행객들에게는 좋은 소식이라 할 수 있다. 하지만 6월에서 8월까지는 불쾌할 정도로 덥고 12월에서 1월까지는 상당히 춥다. 그러므로 여행 적기는 시원하면서 건조한 3월이라 할 수 있다. 마침 이때는 현지인들이 페르시아의 새해 축제인 노루즈Nowruz를 기념하는 때이기도 하다. 이 축제는 2주 동안 이어지며 조로아스터교에 근원을 둔 차하르샨베 수리Chaharshanbe Suri, 즉 불의 수요일, 그리고 새해 첫날, 또 시즈데 베다르Sizde Bedar까지 포함한다. 시즈데 베다르에는 가족들끼리 공원이나 광장으로 소풍을 가서 노루즈 마지막 날을 기념한다.

타일로 장식한
압바시 모스크의 외관.

나크셰 자한 광장 너머로 보이는 압바시 모스크.

여자 혼자 이란에 가도 될까?

이 질문에 대한 짧은 대답은 '그렇다'다. 당신이 만약 나 홀로 여행을 계획 중인 여성이라면 이란에 가도 괜찮다. 다만 현지인들이 적절하다고 생각하는 방식으로 옷을 차려입을 필요는 있다. 즉 사람들 앞에서는 머리카락과 팔다리를 가려야 한다는 뜻이다. 하지만 이런 점만 빼면 호스텔에서 지내고, 외식을 하고, 대중교통을 이용하는 등 다른 나라에서 하는 모든 것들을 이란에서도 충분히 할 수 있다. 사실 한편으로는 여행이 더 쉬울 수도 있다. 이란의 대도시에서는 여성만 예약할 수 있는 택시 서비스도 있고, 테헤란에는 지하철에 여성 전용 칸도 있으며 장거리 여행 시에는 버스 기사가 여자 승객 옆에 낯선 남자를 앉히지 않는다.

그러나 이란에서 여자 혼자 여행하다 보면 관심을 끌 수 있다. 다른 나라에서 여행 온 여성들이 있을 수도 있지만 많지는 않을 것이다. 여자 혼자 여행한다는 사실 자체로 특이한 사람 취급을 당할 것이며, 때로는 원치 않는 관심을 받을 수도 있다. 현지 남자들이 폭언을 하는 등 당신을 불편하게 할 수도 있지만, 이란에 혼자 다녀온 여성들 대부분이 긍정적인 경험을 했다고 전한다. 이란 여성들도 사회생활을 많이 한다. 현지 기준에 맞게 옷을 입고 예의 바르게 행동하기만 한다면 여러분도 따뜻한 환대를 받을 것이다. 특히 현지 여성과 소녀가 당신의 이야기에 무척 흥미를 가지고 문화를 공유하고 싶어 할 것이다.

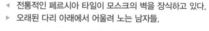

◀ 전통적인 페르시아 타일이 모스크의 벽을 장식하고 있다.
▶ 오래된 다리 아래에서 어울려 노는 남자들.

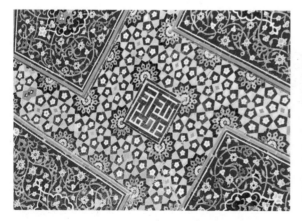

어디서 지낼까

이스파한에는 저렴한 것부터 고급까지 다양한 숙소가 마련되어 있으며 나 홀로 여행객의 마음을 끌 만한 곳도 충분하다. 별 특징 없는 밋밋한 호스텔도 많지만, 홈스테이나 비앤비 네트워크도 상당히 발달했다(대신 이 글을 쓰는 시점에는 영국, 미국, 캐나다 등 몇몇 나라 사람들은 이용이 불가능하니, 미리 확인하자). 아름답게 보존된 대저택, 심지어 궁전 같은 곳에 지은 최고급 호텔도 있다. 일반적으로 여행객들은 가능한 한 도시의 중심인 나크셰 자한 가까이에 머물고 싶어 할 것이다. 그다음으로는 아르메니안 쿼터로 알려진 졸파Jolfa가 음식점이나 카페도 많고 강에서도 가깝다.

아나르 게스트하우스 Anar Guesthouse, 졸파
아나르는 이스파한 게스트하우스의 완벽한 전형이다. 이란인의 삶을 경험해보고 싶기도 하고 위치상으로도 좋은 곳을 찾는 여행객에게 안성맞춤인 안락하고 편안한 공간이다. 시설은 지극히 기본적이다. 공용 객실에 4인실 하나 1인실이 여러 개 있다. 그리고 가격이 굉장히 싸다. 게다가 여기에서 지내면 문화적인 경험을 할 수 있다. 주인장인 마샤드 씨와 그의 가족들이 자신들이 초대된 현지 결혼식이나 모임에 게스트를 데리고 가주기도 한다.

492, 29th Alley, N Sheikh Sadoogh St, Isfahan

www.hostelworld.com

디바이 하우스Dibai House, 올드 쿼터 Old Quarter
스타일이나 가격 면에서 한 단계 나은 숙소를 원한다면 디바이 하우스로 가자. 올드 쿼터 안, 17세기에 지어 보존되고 있는 페르시아 대저택 안에 친근한 호텔과 게스트하우스가 자리 잡았다. 이곳 역시 가족이 운영하는 곳이지만 모든 것이 아나르에 비해 조금씩 더 고급스럽다. 사교 공간은 밝고 멋진 색으로 칠해져 있고, 객실도 최신 시설을 완비했다. 공용 시설도 충분해 부엌이나 거실을 이용할 수 있고, 야외 마당에서 시간을 보낼 수도 있으며, 호텔의 쿠킹 클래스에 참여할 수도 있다.

1 Masjed Ali Alley, Harunie, Isfahan

www.dibaihouse.com

▲ 1000년 된 시장, 보조르그 바자르.
▼ 보조르그 바자르에서 판매하는 스카프.
▶ 오래된 다리에는 조용히 사색을 즐길
　후미진 공간이 많다.

이스파한의 많은 다리 중 하나인 알라흐베르디 칸.

어디서 먹을까

이란에는 이상한 점이 있다. 이 나라에는 강력하면서 정교한 음식 문화가 있고, 수천 년까지는 아니어도 수백 년간 이어져온 수많은 음식이 있는데도, 도대체 왜 음식점이 많지 않은 것인가? 여기엔 몇 가지 이유가 있다. 우선 이란에는 외식 문화가 없다. 뛰어난 음식 대부분을 집에서 먹을 수 있는데, 왜 굳이 나가서 먹겠는가? 또 다른 이유는 가족이 운영하는 조그만 식당의 경우 간판이 거의 없고 골목 안이나 지하에 숨어 있다는 것이다. 그래서 실제로 이스파한에는 방문객들이 아는 것보다 훨씬 많은 음식점이 있다. 밥때가 되면 냄새를 따라가보는 것도 좋은 방법이다.

좋은 소식은 이스파한의 음식이 일반적으로 상당히 싸다는 것, 음식점들이 혼밥족을 환영한다는 점이다. 또 하나, 이란에서는 케밥이나 고기 요리가 인기이기 때문에 베지테리언이나 비건이라면 가지 음식에 익숙해져야 할 것이다.

압바시 티하우스 & 레스토랑 Abbasi Teahouse & Restaurant, 올드 쿼터

금전적 여유가 없어서 압바시에서 지내기는 힘들 수 있다. 300년 된 여행자 숙소 카라반세라이 안에 지은 럭셔리한 호텔은 비싸기 때문이다. 하지만 호텔 내 메인 정원에 위치한 티하우스에서 간단한 요기 정도는 할 수 있을 것이다. 티하우스가 자랑하는 요리는 아쉬 레쉬테로 콩과 채소를 넣어 만든 따뜻한 누들 수프다. 수프와 페르시아 차 한 잔을 시키면 예산에 큰 무리가 가지 않으면서 주변 경관을 충분히 즐길 수 있다.

Amadegah St, Charharbagh-e-Abbasi Ave, Isfahan

www.abbasihotel.ir

레스토랑 셰에라자드 Restaurant Shahrzad, 올드 쿼터

이란의 많은 음식점이 뷔페 스타일로 음식을 제공하는데, 처음에는 이런 스타일이 실망스러울 수 있지만 사실 가능한 한 많은 음식을 맛보는 가장 좋은 방법이 뷔페라 할 수 있다. 레스토랑 셰에라자드는 이스파한 최

값싼 간식을 파는 가판대. ▲
이스파한 바자르는 다양한 색과 향료의 천국이다. ▼

칸 고스타 Khan Gostar, **졸파**

이란에서 어느 정도 시간을 보내고 나면 어디에서나 먹을 수 있는 일반적인 케밥과 밥에 질리기 마련이다. 그럴 때는 칸 고스타로 가자. 졸파 호텔 안에 위치한 이 음식점은 코레쉬 마스트라는 음식을 특히 잘한다. 코레쉬 마스트는 샤프란, 요구르트, 소고기나 양고기, 달걀, 설탕으로 만든 뻑뻑하고 진한 스튜다. 말만 들어도 이상하고 보면 더 이상하지면(보통 찐득찐득한 밝은 노란색이다) 먹어볼 만한 가치가 있다.

Hakim Nezami St, Jolfa Hotel

031-3627-8989

아잠 베르야니 Azam Beryani, **올드 쿼터**

친근한 현지인들과 함께 이란 음식을 먹으며 제대로 이스파한을 경험하고 싶다면, 아잠 베르야니가 딱 좋다. 이곳의 주요 메뉴는 베르야니라는 전형적인 현지 음식인데, 다져서 구운 양고기를 신선한 플랫 브레드, 샐러드와 함께 제공한다. 정말 싸고 간단한 요리다. 또 당신의 주문이 잘 접수되었는지 걱정할 필요가 없다. 어차피 베르야니밖에 안 파니까.

Masjed Seyyed St, near the post office, Isfahan

031-3338-3070

고의 뷔페식당 중 하나이며, 아주 배가 고프지 않으면 각각의 메뉴를 주문할 수도 있다. 이 친숙하고도 북적이는 식당은 나크셰 자한과 상당히 가까우며, 미슐랭 별점을 받지는 못했지만 페르시아 요리와 친숙해질 수 있는 곳이다.

Abbas Abad St, Isfahan

www.shahzard-restaurant.com

어디서 마실까

좀 실망스러울 수 있겠지만 이스파한에서 술은 논외로 해야 한다. 이란은 전국적으로 술을 금지한다. 즉 당신이 마실 수 있는 가장 독한 것은 카페인이라 할 수 있다. 그렇다고 이란 사람들이 뭔가를 마시며 사교 활동을 하지 않는 것은 아니다. 이곳에서는 예전부터 차를 주로 마셨다. 튤립 모양 잔에 담아서 제공하는 따뜻하고 달콤한 차는 이스파한의 가정집에서도 손님을 접대할 때 자주 내놓는 흔한 차이며, 도시 역사만큼 오래된 티하우스에서도 쉽게 볼 수 있다. 이스파한, 특히 졸파에는 서양 스타일 커피숍도 점점 늘어나 젊은 사람들이 커피숍에서 느긋하게 수다 떠는 모습이 흔히 볼 수 있다. 이스파한의 유흥과 관련해서 가장 좋은 점이 뭘까? 바로 숙취가 절대 없다는 것이다.

아자데간 티하우스 Azadegan Teahouse,
올드 쿼터
이곳은 앤티크 숍이 줄지어 서 있는 골목 끝에 숨어 있는 전통적인 이스파한 티하우스다. 테이블엔 차를 마시며 왁자지껄 대화를 나누는 현지인들로 가득하고, 벽과 천장은 오래된 찻주전자와 작은 장식품이 빼곡히 들어서 있다. 아자데간의 메뉴는 차, 디지, 따뜻한 페르시아 수프 정도 정도로 한정적이기 때문에 식사를 하러 가는 건 곤란하다. 혼자 방문했다면 합석할 수 있다.

Chah Haj Mirza Alley, Emam Square, Isfahan

031-3221-1225

피루즈 셰르바트 Firouz Sherbat, 졸파
가족이 운영하는 이 아르메니안 레스토랑은 당연하게도 아르메니안 쿼터에 위치하며 아름다운 옛 건물에서 완벽한 커피, 아이스크림, 스낵을 판다. 이곳은 표면적으로는 커피 전문점이지만 더위를 식혀줄 레몬 셔벗 드링크, 샤프론 허니 아이스크림도 꼭 먹어봐야 한다. 한번 가보면 또 가게 되는, 집처럼 편안한 곳이다.

Jolfa St, near the Vank Cathedral, Isfahan

031-3626-8009

시빌 커피 Sibil Coffee, 올드 쿼터

맛있는 유럽 스타일 에스프레스가 그립다면 시빌 커피로 가서 카페인을 섭취하자. 카페는 나크셰 자한 바로 옆에 있는데, 하루 일정을 시작할 때 잠깐 들르기 좋은 위치다(이란 내 대부분의 호텔 커피는 상당히 평범하다). 찬 음료나 스낵도 팔지만 에스프레소나 카푸치노가 확실히 뛰어나다.

Ostandari St, near Posht Matbakh Alley, Isfahan

031-3222-7855

이곳에서는 예전부터 차를 주로 마셨다. 튤립 모양 잔에 담아서 제공하는 따뜻하고 달콤한 차를.

차나 커피를 마실 시간은 언제나 있다.

무엇을 할까

이스파한에는 의심의 여지없이 아름다운 게 정말 많고, 당신은 그것들을 감상하느라 대부분의 시간을 보내게 될 것이다. 우선 모스크와 교회를 구경하고, 바자르를 돌아다니고, 광장에서 시간을 보내는 건 기본적으로 해야 할 일이다. 그렇지만 이스파한의 인간적인 면을 탐험할 수 있는 시간도 남겨두길 바란다. 낯선 이들과 차를 마시고, 새로운 친구와 저녁을 먹고, 당신을 궁금해하는 사람들과 이야기를 나누는 시간 말이다.

모스크 탐방하기

'이스파한은 세상의 절반'이라는 말은 도시의 인구에 대한 이야기도 아니고 세계적인 중요도 때문도 아니다. 그저 이 도시의 아름다움 때문이다. 세상의 아름다운 건물 중 절반은 이스파한에 몰려 있는 것 같다는 이야기다. 일단 이 화려한 도시를 걸어 다니며 나크셰 자한을 둘러싼 멋진 모스크, 선명하고 눈부신 아치 모양 길, 그리고 그곳을 장식한, 손으로 직접 그린 복잡한 무늬의 타일을 보면, 이 말을 누구나 수긍하게 된다. 문화유산으로 등록된 이맘 모스크를 포함해 이스파한의 17세기 모스크 대부분은 무료입장이 가능하다. 사진기를 꼭 챙기자.

자얀데루드 Zayanderud 강변 산책하기

오후와 저녁을 보내기에 이스파한의 자얀데루드 강변을 걷는 것만큼 좋은 방법이 있을까. 이곳은 도시 거주자들이 노는 곳, 피크닉을 나와 쉬는 곳, 가족, 친구와 함께 시간을 보내는 곳이다. 여기에서는 이스파한의 멋진 다리들, 기원이 7세기까지 거슬러 올라가는 보행자 전용 도로도 볼 수 있다. 특별한 날에는 샤흐레스탄 Shahrestan, 카주 Khaju, 시오세 같은 다리는 희미하게 켜진 조명 속에서 산책하고 차를 마시고 느긋하게 즐기는 현지인들로 가득하다.

새로운 종교 발견하기

현재 이란이 이슬람 국가이기는 해도 소수 종교도 여전히 존재한다. 이스파한, 졸파, 아르메니안 쿼터 같은 곳에 가면 기독교 교회를 찾아볼 수 있다. 17세기 반크 대성당 Vank Cathedral은 관광객들에게 유명한 명소다. 더 흥미로운 것은 이스파한이 여전히 조로아스터교 중심지 중 하나라는 것이다. 복원

된 불의 신전, 아타슈가 Atashgah도 관광객들에게 열려 있다.

보조르그 바자르 Bazar-e Bozorg 구경하기

카펫을 살 생각이 있든 없든 누구나 보조르그 바자르에 가야 한다. 이곳은 이스파한의 가장 오래된 쇼핑 구역이다. 나크셰 자한의 북쪽 끝을 시작으로 미로처럼 복잡한 시장 골목이 얽혀 있다. 일부는 역사가 1000년도 더 되었을 정도로 오래된 이 시장은 차와 향신료부터 전통 등과 페르시안 카펫까지 없는 게 없다. 물건을 살 때마다 흥정은 해야 하지만, 기본적으로 손님들을 반갑게 맞아주는 곳이며 수세기 동안 이어져온 이스파한의 생활상을 가장 잘 관찰할 수 있는 장소다.

▲ 이맘 모스크의 화려한 입구.
▼ 보조르그 바자르에서 파는 전통 페르시아 카펫.

베를린

BERLIN

베를린장벽은 붕괴된 지
많은 시간이 흘렀음에도
여전히 이 도시를 규정한다.

베를린에서는 놀라운 일이 벌어졌다. 그리고 그 시작은 모두 분단된 옛 시절에 시작된 것이다.

베를린은 한때 벽에 의해 둘로 나뉘어 있었다. 장벽은 한 나라를 동독과 서독, 민주주의와 사회주의, 번영과 생존으로 분리했다. 당시 이 도시는 스파이와 정보원, 영웅과 반역자로 가득했다. 수많은 분투와 고난이 있는 장소였다.

그러다 베를린장벽이 무너지고 모든 게 바뀌었다. 오늘날 베를린은 과거와 비교하면 알아볼 수 없을 정도로 변했다. 통일이 되고 평화로워 졌으며 현대적이고 안전한 곳이 되었다. 하지만 베를린을 살기 좋고 흥미로운 곳으로 만드는 것은 모두 분단된 시절과 관련되어 있다. 당신을 희망과 기쁨으로 가득 채우는 베를린은 과거 분투와 고난의 결과인 것이다.

현재 베를린은 예술의 허브다. 비주얼 아티스트와 음악가, 작가, 퍼포머에게 열려 있는 창의적이고 자유로운 곳이다. 이러한 분위기가 조성될 수 있었던 것은 장벽이 붕괴하고 억압이 사라졌기 때문이다.

1989년 옛 동독이 무너졌을 때, 프리드리히샤인^{Friedrichshain}이나 프렌츨라우어 베르크^{Prenzlauer Berg} 같은 지역에 살던 거주자들은 자신들의 자유가 지속되지 않을까 봐 두려워 집을 버리고 베를린 서부로 도망쳤다. 아파트 건물은 텅 비었고, 창고는 방치되었다. 하지만 곧 그 텅 빈 공간에 예술가와 창작가가 찾아오기 시작했다. 다들 그 건물을 무단 점유하고 도시에 흐르던 희망의 정신을 동력 삼아 그 지역을 아름다운 곳으로 변모시켰다.

과거 그들의 노력이 현재에도 이어지고 있다. 베를린은 변화하고 있고 이 낙후된 지역까지 고급 주택화 물결이 슬금슬금 고개를 들이밀고 있지만, 프리드리히샤인과 프렌츨라우어 베르크, 크로이츠베르크^{Kreuzberg}, 미테^{Mitte} 지역은 여전히 예술의 허브다. 그런 이유로 이곳에서는 반문화적인 클럽, 지역사회를 중심으로 한 활동, 거리에 줄지어 있는 작은 갤러리를 찾아볼 수 있다.

과거 베를린의 분투는 그 모습만 바뀐 채 현재에도 계속 진행 중이다. 독재와 의혹과 공포를 겪으며 나온 반응일 수도 있지만, 오늘날 베를린은 놀라울 정도로 관대하며 자유롭다. 무엇이든 가능한 도시, 무얼 해도 격려해주는 도시랄까.

당신의 고약한 취미, 페티시, 욕망이 무엇이든 베를린에는 그것을 채워줄 곳이 있을 것이다. 이 도시에서만큼은 아무리 기괴하고 실험적이어도 괜찮다.

베를린은 독일이 아니다. 이 도시 안팎의 사람들에게 물어보면 그렇게 대답할 것이다. 독일은 전반적으로 다소 뻣뻣하고 쌀쌀하고 보수적이며 올바르다는 평가를 받고 있지만, 베를린은 전혀 해당되지 않는다. 이곳은 예술적이고 색다르며 재미있다.

현대 베를린의 문화와 아이덴티티의 모든 측면이 본질적으로 가까운 과거와 관련되어 있다는 느낌을 받는다. 베를린 건물의 벽, 거리 미술, 대부분의 공간을 채우는 그래피티에서도 그런 분위기를 느낄 수 있다. 베를리너는 언제나 그들을 갈라놓는 구조물에 그림과 메시지를 채워 넣는 걸 좋아하고, 보기 싫은 벽에 낙서하기를 좋아했다. 그리고 그 버릇 때문에 벽의 존재를 참고 견딜 수 있었다. 도시를 거닐다 보면 세계 유명 작가들이 베를린 벽에 남긴 작품을 발견할 수 있을 것이다.

베를린의 역사는 메뉴판에도 담겨 있다. 베를린에는 놀랍도록 훌륭한 터키 음식이 많다. 골목마다 케밥 가게가 있을 정도다. 멋진 러시아 음식도 있고, 독일 소시지에 커리 소스와 파프리카를 부은 커리부르스트 같은 문화 간 혼종도 있다(술 마신 후 길거리에서 커리부르스트를 먹는 사람들이 한둘이 아니다). 베지테리언이나 비건에게도 좋은 소식이 있다. 베를린은 세계에서 채소 위주 식사가 가장 발달한 곳 중 하나다.

베를린은 현실을 그대로 보여주기에 껄끄러운 면이 있지만 그래서 동시에 아름다울 수도 있다. 브란덴부르크 문Brandenburg Gate과 국회 의사당Reichstag, 뮤지엄 아일랜드Museum Island의 르네상스 건축, 작은 가게들이 줄지어 있는 그림같이 아름다운 쇠네베르크Schöneberg의 거리, 슈판다우Spandau, 빌메르스도르프Wilmersdorf에는 역사가 있다. 역사적인 기념물과 세계 수준의 박물관도 많다. 다시는 역사가 반복되어서는 안 된다는 사실을 보여주기 위해 시대의 공포를 알려주는 장소, 독일의 어두운 면을 그대로 드러내는 곳도 많다.

하지만 내 경우, 베를린을 특별하게 여기고 사랑하게 된 데는 다른 이유가 있었다. 바로 옛 동독 거리에서 발견할 수 있는 흥미로운 베를린, '진짜' 베를린이었다. 버려진 창고 안에 꾸민 나이트클럽에서는 열기가 뿜어져 나오고, 싸고 친숙한 카페와 음식점이 넘쳐난다. 이곳에서는 경제적인 번영보다 공동체를 더 중요하게 생각하며 누구나 환영하고 모든 걸 허용한다. 이곳이야말로 몸을 던져 탐험해볼 만한 베를린, 흠뻑 빠져서 즐길 수 있는 베를린이다.

베를린에서는 누구나 마찬가지겠지만 나 홀로 여행객도 환영받을 것이다. 혼자 커피를 마시거나 밥을 먹고 심지어 혼자 술을 마시는 현지인들도 많이 보게 될 것이다. 그리고 이 정도로 유명한 도시에는 동료 여행객을 만나기도 쉽다. 베를린은 일반적으로 안전하며 길을 찾기도 쉬워 느긋하게 걷는 즐거움이 있는 도시다. 솔직히 가장 위험한 건 이 도시의 재미에 흠뻑 빠져서 떠나기 싫어질지도 모른다는 것이다.

알렉산더 광장은
현대 베를린의 중심 중 하나다.

언제 갈까

베를린은 축제를 사랑하는 도시이기 때문에 일 년 중 어느 때 가도 이벤트가 열리고 있을 것이다. 그중에서도 규모가 크고 즐거운 축제로는 2월에 열리는 베를린 푸드 축제, 5월에 열리는 세계 문화 축제, 8월의 국제 베를린 맥주 축제, 9월의 롤라팔루자Lollapalooza, 10월의 빛 축제가 있다. 어느 유럽 도시와 마찬가지로 베를린도 따뜻한 달(5~9월)이 여행 적기다. 이때가 날도 길고 현지인들도 축제 모드가 된다. 하지만 예외가 하나 있는데 바로 12월 31일, 한 해의 마지막 날이다. 이때도 현지인들은 (좋은 의미로) 미쳐버린다.

마우어파르크에 있는 베를린장벽에는
그래피티가 그려져 있다.

편견 없는 이 도시에서는 한계란 없다.

어디서 지낼까

베를린은 예술적일 뿐만 아니라 물가도 적당하기 때문에 배낭여행객이 묵을 만한 수준 높은 숙소를 곳곳에서 볼 수 있다. 이 호스텔과 게스트하우스는 일반적으로 모던하고 깨끗하며 시설이 훌륭하고 실내장식도 흥미로울 뿐 아니라 동료 여행객도 많다. 베를린에는 나 홀로 여행객을 위한 다른 선택지도 많다. 에어비앤비나 유사한 웹사이트를 통해 방을 빌릴 수도 있고, 카우치서핑 커뮤니티도 크다.

베를린장벽은 30여 년 전에 무너졌지만 도시는 아직도 동서로 나뉘어 있다. 배낭여행객에게 유용한 숙소는 주로 예전 동독 지역에 위치한다. 미테나 프렌츨라우어 베르크 근방이기 때문에 다른 주요 역사적 명소, 현대적인 명소로 이동하기도 편하고 값싼 음식점과 술집도 많다.

◀ 한때 미국의 감청 기지였던 토이펠스베르크.
▶ 맥주는 언제나 옳다.

이스트세븐 베를린 호스텔 EastSeven Berlin Hostel, 프렌츨라우어 베르크

이스트세븐은 호스텔월드 사용자들에게 세 차례나 독일 최고의 호스텔로 선정되었다. 그 이유는 간단하다. 일단 공간이 깨끗하고 모던하다. 독서등이 달린 침대, 개인 콘센트, 로커 같은 훌륭한 시설을 갖추었고, 부엌, 라운지, 정원, 자전거 대여, 세탁 서비스 같은 공용 시설도 마련되어 있다. 다만 이곳은 파티 호스텔은 아니다. 아늑한 집 같은 분위기이며 베를린을 여행하기 위한 근거지로 삼기에 완벽하다.

Schwedter Strasse 7, Berlin

www.eastseven.de

레커우얼라웁 Lekkerurlaub, 크로이츠베르크

베를린 최고의 위치에서 집 같은 분위기를 느끼고 싶다면 레커우얼라웁이 제격이다. 이 친근한 게스트하우스는 크로이츠베르크와 노이쾰른 Neukölln 사이에 위치한다. 이 두 지역은 베를린의 반문화 운동의 중심지이며 여러분이 꼭 여행해보고 싶어 할 지역일 것이다. 레커우얼라웁은 호스텔보다는 가정집 같은 느낌이 난다. 수수하지만 편안한 방 몇 개와 라운지, 식당, 작은 테라스 정도만 갖추었기 때문이다. 이곳의 진짜 매력은 예술적이고 매력적인 동네에 위치한다는 점이다.

Graefestrasse 89, Berlin

www.hostel-lekkerurlaub.de

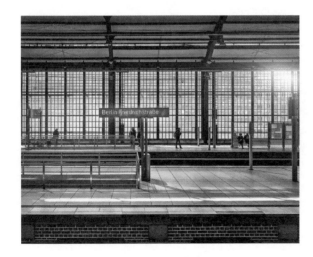

베를린의 U반 시스템은 값싸게 여행하기에 이상적인 시스템이다.

베를린은
축제를 사랑하는
도시다.

▲ 미테에 있는 안네 프랑크의 벽화처럼
  베를린에는 거리 미술 작품이 가득하다.
◀ 있는 그대로의 베를린 거리 모습.

어디서 먹을까

역동적인 현대 정치와 다양한 이민자 공동체 탓에 베를린의 음식 문화도 다채
로워졌다. 술집이나 비어 가든에서 브라트부르스트, 슈니첼, 프레첼 같은 독일
대표 음식을 먹을 수도 있지만, 훌륭한 터키 음식, 중앙아메리카와 남아메리카
음식, 미국 스타일 버거류, 호주 스타일 브런치까지도 다 찾아볼 수 있다. 베를
린 음식 대부분은 싸고 접근성이 좋기 때문에 나 홀로 여행객이 부담 없이 혼자
즐길 수 있다.

프레첼과 소시지,
맛이 없을 수가 없다.

로가키 Rogacki, 샤를로텐부르크 Charlottenburg

베를린에는 클래식하고 전통적인 식당이 많지 않은데, 그중 하나인 로가키는 꼭 방문해봐야 한다. 이곳 훈제장과 델리카트슨은 거의 100년 동안 운영해오고 있지만, 아직도 매일같이 붐빈다. 훈제 생선, 소금에 절인 고기, 소시지, 피클, 샐러드 등을 맛볼 수 있다. 모든 품목이 포장 가능하지만, 느긋하게 자리를 잡고 앉아 고풍스러운 분위기를 만끽하는 편이 더 낫다.

Wilmersdorfer Strasse 145, Berlin

www.rogacki.de

코노프케스 임비스 Konnopke's Imbiss, 프렌츨라우어 베르크

1930년대 막스 코노프케는 에베르스발더 거리 Eberswalder Strasse U반 역 선로 밑에 간이 식당을 열었고, 그 식당이 아직도 명맥을 이어오고 있다. 이곳은 베를린에서 커리부르스트를 맛볼 수 있는 최고의 장소 중 하나다. 커리부르스트는 독일의 돼지고기 소시지와 커리 소스의 신기한 조합으로 감자튀김, 맥주와 함께 먹는다. 아마 이곳에 가면 길거리에 있는 높은 테이블에 서서, 같은 메뉴를 먹는 낯선 사람들에 둘러싸인 채 식사를 해야 할 것이다.

Schönhauser Allee 44, Berlin

www.konnopke-imbiss.de

뤼암 게뮤제 케밥 Rüyam Gemüse Kebab, 쇠네베르크 Schöneburg

제2차 세계대전 후 베를린에는 장벽이 세워졌고, 서독 사람들은 도시의 절반을 재건할 노동력이 필요했다. 수많은 터키인이 단기 '이주 노동자' 비자를 받아 독일에 들어왔다. 터키인들이 대규모로 이주해 온 결과 베를린에는 값싸고 맛있는 터키 음식점이 급증했다. 그중에서도 이곳만큼 싸고 맛있는 곳은 없다. 치킨 도너 케밥을 시키면 후회하지 않을 것이다.

Hauptstrasse 133, Berlin

파스테르나크 Pasternak, 프렌츨라우어 베르크

40여 년간 동독은 소비에트연방의 점령지였다. 그래서 자세히 들여다보면 지금까지도 러시아 문화의 잔재를 조금씩 찾아볼 수 있다. 가장 쉽게 러시아 문화를 엿볼 수 있는 방법은 프렌츨라우어 베르크에 있는 러시아-유대인 음식점, 파스테나르크를 방문하는 것. 일요일 브런치 뷔페를 팔기 때문에 배고픈 나 홀로 여행객에게는 완벽한 장소다. 새로 사귄 친구들과 어울려 보르쉬, 청어 절임, 빵, 과자 등을 먹어보자.

Knaackstrasse 22, Berlin

www.restaurant-pasternak.de

어디서 마실까

이 섹션이 좀 길어질 수도 있을 것 같다. 베를린에서 술 마시기 좋은 장소를 리뷰하려면 이 책 한 권을 다 채워야 할지도 모른다. 그 정도로 베를린의 유흥의 세계는 넓고도 다양하다. 게다가 모두 친근하고 접근성이 좋다. 가식이나 공격성 같은 건 찾아볼 수 없다. 그중에서도 내가 고른 곳들은 더 편안하고 사교적인 곳으로, 새로운 사람을 사귀기에 좋은 곳 또는 새 친구들과 함께 가게를 나설 수 있는 곳들이다. 따로 소개하지는 않지만, 베를린에는 전설적인 대형 클럽인 베르크하인 Berghain, 시시포스 Sisyphos 같은 광란의 파티 클럽, SO36과 정션 바 Junction Bar 같은 라이브 뮤직 바, 게이 바, 펑크 바 등 상상할 수 있는 모든 것이 있다. 그냥 가서 경험하면 된다. 두려워할 필요 없다. 혼자 온 사람들도 늘 환영이다.

클룽커크라니히 Klunkerkranich, **노이쾰른**
높은 빌딩도 거의 없고 언덕이나 산도 찾아보기 힘든 편평한 도시에서는 경치 좋은 술집 찾기가 하늘에 별 따기다. 하지만 클룽커크라니히 경치가 환상적이다. 이 옥외 술집은 찾기가 힘들다. 노이쾰른 중심 주차장 건물 꼭대기에 위치하면서 간판도 없기 때문이다. 하지만 일단 올라가보면 베를린 최고의 일몰 전망대를 만날 수 있다. 게다가 새벽까지 술 마실 준비를 하는 편안하고 사교적인 사람들도 가득하다.

Karl-Marx-Strasse 66, Berlin

> www.klunkerkranich.de

카페 암 노이엔 제 Café am Neuen See,
티어가르텐 Tiergarten

독일인들처럼 비어 가든을 좋아하는 사람들은 없다. 그러다 보니 베를린 같은 산업 도시에서도 기분 좋은 비어 가든을 쉽게 찾을 수 있다. 햇볕을 받으며 앉아서 수많은 현지 맥주 중 몇 가지를 골라 마시는 거다. 카페 암 노이엔 제는 긴 여름밤을 즐겁게 보낼 수 있는 장소다. 티어가르텐 공원 중심부, 호숫가 높은 나무 아래 위치한다. 맥주는 시원하고 사람들은 친절하다. 즐겨라.

Lichtensteinallee 2, Berlin

> www.cafeamneuensee.de

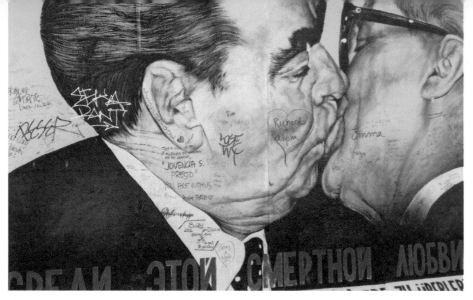

이스트 사이드 갤러리 벽화, 베를린장벽의 일부를 야외 전시 공간으로 옮겼다.

프라터 가르텐 Prater Garten, 프렌츨라우어 베르크

이곳은 비어 가든 중에서도 베를린에서 가장 오래된 곳이며 프렌츨라우어 베르크 심장부에 있다. 5월부터 9월까지만 문을 열지만, 따뜻한 시기 매일같이 손님을 잔뜩 받는 것만으로도 겨울철 부재를 만회하고도 남는다. 친절한 베를리너를 만나고 싶다면, 혹은 저렴한 가격에 술을 맘껏 마시며 새 친구를 사귀고 싶다면, 이곳으로 가면 되겠다.

Kastanienallee 7, Berlin

www.pratergarten.de

보난자 커피 히어로즈 Bonanza Coffee Heroes, 프렌츨라우어 베르크

베를린이라고 꼭 술만 마시는 건 아니다. 물론 다른 마실 거리보다 술이 더 인기 있기는 하지만 말이다. 어쨌든 술을 마시지 않는 사람, 전날 밤 과음으로 회복이 필요한 사람을 위해 카페 문화가 발달했고, 이를 보난자가 주도하고 있다. 이곳은 베를린에서 최초로 플랫 화이트를 메뉴에 추가한 카페 중 하나며, 일단 한번 마셔보면 '히어로즈'라는 명칭이 과장이 아님을 수긍하게 될 것이다.

Oderberger Strasse 35, Berlin

www.bonanzacoffee.de

무엇을 할까

베를린에는 누구나 알 만한 명소와 랜드마크가 많다. 이스트 사이드 갤러리로 옮긴 베를린장벽 일부, 체크포인트 찰리, 다양한 유대인 기념관과 나치 시대 유적, 샤를로텐부르크 궁전, 뮤지엄 아일랜드의 박물관. 이 모든 곳이 흥미롭고 방문해볼 가치가 있다. 하지만 베를린은 더 열심히 탐험할수록 그만큼의 보상을 하는 도시다. 누구나 다 가는 명소는 포기한 채, 여기저기 들쑤시며 돌아다니면서 사람들을 만나고 자기 식대로 여행을 하려는 사람들에게 베를린은 스스로의 본질과 특징을 내보인다. 베를린이 가장 좋은 점은 역시 혼자 여행하는 사람들을 반갑게 맞아주는 대체로 안전한 도시라는 점이다.

템펠호프 공항Tempelhof Airport 방문하기

역사에 관심이 많은가? 템펠호프에는 역사가 있다. 이 거대한 비행장과 지금은 사용하지 않는 터미널은 한때 최초의 비행기를 테스트하기 위해 사용되던 곳이다. 1930년대에는 나치의 본거지, 제2차 세계대전 때는 감옥, 전후에는 연합군 본부로 이용되었다. 그리고 지금은 피난소, 할리우드 영화 촬영지, 야외 콘서트장, 스포츠 경기장 등으로 사용된다. 버려진 터미널을 투어할 수 있다. 여행을 좋아하는 사람에게 이런 곳은 매우 이상적인 공간이다.

Platz der Luftbrücke 5, Berlin

www.thf-berlin.de

베어핏Bearpit 노래방에서 노래하기

여름에 방문한다면 일요일에 꼭 해야 할 일이 있다. 우선 프렌츨라우어 베르크의 베를린 장벽 공원 중 하나인 마우어파크Mauerpark로 가면(도중 보난자 커피를 지나게 된다) 어마어마하게 큰 플리마켓이 열릴 것이다. 시장을 좀 둘러보다가 베어핏으로 가보자. 이 작은 원형극장에서는 베를린에서 가장 즐거운 행사를 주관한다. 바로 야외 노래방이다. 마이크를 쥔 사람이 유명한 곡을 큰 소리로 부르면 모여 있는 엄청난 관중이 다들 신나게 따라부른다. 마치 광고 문구처럼, '낯선 사람들 앞에서 실력 뽐내기, 이보다 더 쉬울 수는 없습니다.'

Mauerpark, Berlin

얼터너티브 베를린 투어 Alternative Berlin Tour 참여하기

베를린은 이상하다. 예술적이고, 색다르다. 당신은 가자마자 이 사실을 깨닫게 될 것이다. 하지만 이 도시의 서브컬처를 탐구하는 방법, 이 도시를 이렇게 만드는 사람들을 찾아내는 방법은 영영 모를 수 있다. 그래서 얼터너티브 베를린 투어가 있는 것이다. 이 회사의 투어는 실제로 현지에서 활동하는 예술가와 공연가, 거리 미술, 그래피티, 언더그라운드 미술을 하는 실제 작가들을 소개해준다. 예술가의 도시, 얼터너티브 베를린을 걸어서 둘러볼 수 있게 무료 투어를 제공한다. 이 도시의 예술적 면모를 살펴볼 수 있는 예의 바르면서도 지속 가능한 방법이다.

www.alternativeberlin.com

토이펠스베르크 Teufelsberg 구경하기

베를린 서쪽 그뤼네발트 Grunewald 숲에 가면 사람이 쌓아 올린 토이펠스베르크라는 언덕이 있다. 이곳은 원래 미국의 모니터링 스테이션으로, 소비에트연방이 동독을 점령한 동안 미국인들이 감청을 하는 본부였다. 지금은 다 허물어져가는 건물, 콘크리트 바닥, 돔 등이 모두 그래피티로 뒤덮여 있다. 주말에는 예전 미국 스파이가 시설을 소개하는 투어를 운영하며 예전에 이 도시가 운영되던 방식에 대해 놀라운 통찰력을 보여준다.

www.visitberlin.de/en/teufelsberg

▲ 현대적인 슈프레보겐 공원.
▼ 프렌츨라우어 베르크의 마우어파르크에서는 길거리 연주자들이 정기적으로 공연을 한다.

리스본

LISBON

리스본은 클래식한 트램
시스템으로 유명하다.
트램은 도시를 둘러보기에
가장 싸고 편한 방법이다.

리스본은
성공 가도를
달리고 있다.

스카이라인만 봐도 알 수 있다. 수많은 크레인과 공사 현장에 드릴과 망치질이 난무한다. 포르투갈 수도의 좋지 않은 기억은 모두 과거형이 되어가고 있는 듯하다. 리스본은 다시 호황을 누리고 있다. 이제 리스본에 가야 할 때다.

리스본의 거리에는 낙관주의의 느낌이 나부낀다. 도시 전체를 휘감은 긍정적인 기운에 휩싸일 수밖에 없다. 일 년 내내 축제 기간인 것 같은 분위기다. 한때 포르투갈엔 문제가 있었다. 2000년대 초 이 나라는 거의 파산할 위기에 처했다. 전체적인 경제 시스템이 지독한 곤경에 빠졌다. 하지만 경제가 회복되면서 현재는 부산하게 북적이는 리스본, 신나고 즐거운 포르투갈 생활의 중심지만 남았다.

리스본은 친근하다. 굉장히 친근하다. 나 홀로 여행객으로서 사람들을 만나는 데 일말의 불편함도 없을 것이다. 활기 넘치는 젊은 세대는 영어를 널리 사용한다. 게다가 포르투갈인은 선천적으로 매력이 있고 손님에게 후하다. 또 기본적으로 성격이 느긋하기 때문에 방문객들이 이베리아의 라이프스타일에 쉽게 빠져들 수 있다. 좋은 음식, 싼 와인, 미술과 음악이 있는 곳에서 사랑하는 사람들과 느긋한 오후를 보낼 수 있다는 얘기다.

구불구불한 거리와 수많은 언덕이 있는 이 도시는 처음에는 이상하게 느껴질 수 있다. 당신을 통째로 삼켰다가 다시는 뱉어내지 않을 것처럼 보인다. 전망 좋은 곳을 찾아 자갈이 깔려 있는 가파른 거리를 올라가보지만 구불구불한 길과 타일 덮인 건물, 그래피티가 그려진 벽 말고는 아무것도 보이지 않을 것이다. 하지만 리스본에서는 길을 잃을까 봐 걱정할 필요가 없다. 구불구불한 자갈길 위에 있다면, 거기가 맞다. 구시가지, 힘차게 뛰는 도시의 심장이 있는 그곳. 그럼 됐다.

리스본은 여러 개의 구역으로 이뤄진 도시다. 구역마다 하루씩 탐험해볼 가치가 있다. 일곱 개의 언덕 중 한 곳에는 바이후 알투Bairro Alto가 있다. 이곳은 유흥과 음식점의 허브이며, 가족들이 운영하는 오래된 가게가 있는 보헤미안 지역이기도 하다. 상점으로 가득한 다운타운, 바이샤Baixa는 격자형으로 구획을 나누어 조성한 곳이다. 도시에서 가장 매력적인 구역일 알파마Alfama도 있다. 좁은 골목길과 타일로 장식한 아파트 건물이 이곳의 자랑이다. 트렌디한 프린시프 헤알Príncipe Real, 상류층이 사는 벨렝Belém, 무어인들의 거주지 모라리아Mouraria도 있다.

이 지역들 모두 각자의 특징이 있다. 길거리의 카페는 사람들로 붐빈다. 어린아이들은 조그만 공터에서 축구를 한다. 건물 사이마다 있는 틈으로 도시를 가로지르는 강, 높은 창문에 걸려 있는 빨래, 리스본을 더 멋지게 만드는 테라코타 지붕의 물결이 보인다.

　나 홀로 여행객에게 리스본만큼 좋은 곳을 찾기 힘들 것이다. 혼자만의 여행을 시작하는 사람들을 위해 리스본은 세계 최고의 호스텔을 준비하고 있다. 멋진 디자인과 현대적인 시설을 갖추고, 친근한 분위기를 풍기는 이 호스텔들 중에는 여러 차례 상을 수상한 곳도 있다. 그리고 이런 호스텔은 리스본의 물가와 마찬가지로 숙박료가 매우 저렴하다.

　리스본에는 매우 큰 장점이 하나 있다. 유럽 주요 도시임에도 물가가 아주 싸다는 것이다. 캐주얼한 식당인 타스카, 술집인 세르베자리아 같은 곳만 간다면 음식도 싸다. 술 역시 아주 저렴하다. 한 잔에 3유로가 넘는 와인을 찾기 힘들다. 대부분 와인(그리고 맥주)은 2유로 정도다. 모두 현지 브랜드이고 굉장히 품질이 좋다. 솔직히 리스본에서는 상점부터 명소, 대중교통까지, 모든 게 다 저렴하다.

　리스본은 최근 몇 년 동안 배낭여행객의 허브 같은 곳이 되었다. 그래서 동료 여행객을 만나기도 쉽다. 호스텔에 있는 사교용 공간에서, 투어 중에, 심지어 술집에서 한잔하다가도 동료를 만날 수 있다. 또 한 가지 장점이라면 리스본은 대체로 안전하다는 것이다. 좀도둑질 같은 건 조심해야 하지만, 혼자 나가서 밥을 먹고 음식을 먹는 건 마음 놓고 할 수 있다. 타파스의 포르투갈 버전인 페티스쿠스를 몇 가지 주문하고 저렴한 와인 한 잔을 곁들이면 멋진 저녁 시간을 위한 준비가 끝난다.

　리스본과 관련해서 꼭 해주고 싶은 경고의 말은 한 가지뿐이다. 바로 지금 당장 가라는 것이다. 이곳은 날이 갈수록 점점 더 유명해지고

있다. 이곳의 매력, 친근함, 저렴한 물가, 긴 역사, 기대되는 미래에 여행
객들이 빠져들고 있다. 가장 최고의 상태로 리스본을 즐기고 싶다면, 도
시의 긍정주의와 낙관주의를 동시에 느껴보고 싶다면, 최대한 빨리 리
스본으로 떠나야 한다. 후회하지 않을 것이다.

리스본의
수많은 광장 중 하나인
호시우 광장.

리스본은 축제를 사랑한다.
이 도시는 거의 언제나 뭔가를 기념하고 있다.

알파마는 리스본에서 가장 오래되고
가장 매력적인 지역 중 하나다.

언제 갈까

이 도시에서는 음악이든 춤이든 음식이든 종교적 전통이든 언제나 뭔가를 기념하고 있다. 2월은 포르투갈 전역이 축제 기간이다. 6월엔 성 안토니오의 축일이 있어 길거리 파티 스타일의 이벤트가 성대하게 열리기 때문에 현지인들과 어울려 놀기에 완벽한 때다(구운 정어리도 실컷 먹을 수 있다). 11월에 열리는 사오마티노는 한때 순수한 종교 행사였지만 지금은 밤과 와인을 먹는 축제로 상당히 재미있다. 혹시 사람들이 붐비는 시기는 피해서 도시를 즐기고 싶다면 성수기와 비수기 사이(3~4월과 9~11월)가 가장 아름다운 시기다.

◀ 지역 특산물인 해산물 통조림.
▶ 유명한 포르투갈 타르트, 파스테이스 드 나타.

275

어디서 지낼까

리스본에는 몸둘 바를 모를 정도로 질 좋고 싼 호스텔이 많다. 루프톱 테라스, 수영장, 빈백 룸, 테이블 축구대, 심지어 어떤 호스텔에는 볼풀장까지 있었는데, 이런 것들이 리스본에서는 표준 규격이 되고 있다. 리스본의 숙소 중 딱 두 군데만 고르기가 정말 힘들었다. 물론 개인적으로 내가 가장 좋아하는 곳을 꼽기는 했는데, 혹시 그곳의 예약이 꽉 찼다면 대안을 무척 쉽게 찾을 수 있을 것이다.

리스본에서 호텔 예약을 할 때 신경 써야 할 한 가지는 바로 위치다. 당신이 계획하는 휴가 스타일에 따라 숙소 위치가 달라질 수 있다. 리스본의 유흥을 즐기고 싶다면 바이후 알투나 바이샤로 가면 된다. 좀 더 문화적인 경험을 염두에 두고 있다면 벨렝으로 가자. 더 실감 나는 리스본 특유의 경험을 원한다면 알파마의 구불구불한 길이 딱 맞을 것이다.

홈 리스본 호스텔 Home Lisbon Hostel**, 바이샤**
이곳은 호스텔월드에서 2015년부터 연속 3년간 '세계 최고의 중형 사이즈 호스텔'에 선정되었다. 직접 가보면 알 것이다. 정말 모든 게 적당하다. 일단 스타일이 멋있다. 바이샤의 200년 된 건물에 위치하고 클래식한 낡은 가구도 많아서 호스텔보다는 이 지역 영주의 저택 같은 느낌을 준다. 공용 공간도 완벽하고 술집 탐방이나 도보 투어 같은 이벤트도 잘 짜준다. 그리고 밤마다 '엄마의 저녁'을 준다. 바로 주인장의 어머니가 요리한 음식을 나눠 먹는 시간이다.

Rua de São Nicolau 13, Lisbon

www.homelisbonhostel.com

리빙 라운지 호스텔 Living Lounge Hostel**, 바이샤**
집이 그리운 나 홀로 여행객이라면 이곳을 사랑하게 될 것이다. 리빙 라운지는 바이샤 중심부에 위치한 고급 부티크 스타일의 호스텔로 정말 집처럼 아늑한 곳이기 때문이다. 각각의 객실은 지역 예술가들이 직접 꾸몄고 주인장도 역시 예술가다. 이들이 호스

◀ 오래된 도시의 매력이 가득하다.
▶ 알파마의 벽을 장식하고 있는 전통적인 타일.

텔 구석구석에 얼마나 많은 공을 들였는지 확인할 수 있다. 공용 공간 역시 넓고 멋지다. 스태프들은 친절하고 잘 도와준다. 와인을 포함한 세 코스짜리 저녁 식사도 9유로밖에 하지 않는다. 뜻밖의 행운이라 할 만큼 훌륭하다. 이곳을 예약하라. 지금 당장.

Rua do Crucifixo 116, Lisbon

www.livingloungehostel.com

대중에게 개방된 산타 주스타 엘리베이터를 타면 도시의 높이를 가늠할 수 있다.

어디서 먹을까

포르투갈 음식은 부당한 평가를 받고 있다. 프랑스나 이탈리아 음식만큼 유명하지도 않고, 스페인 음식만큼 잘 알려지지도 않았다. 사람들도 포르투갈 음식하면 숯불에 구운 닭 요리나 파스테이스 드 나타밖에 모른다. 물론 닭 요리나 에그타르트도 있지만, 포르투갈에는 훨씬 더 많은 음식이 있다. 리스본에서 2~3일만 있어도 알 수 있다. 이곳은 해산물이 풍부하다. 바칼랴우, 즉 소금에 절인 대구로 만든 레시피가 365개 이상이라고 할 정도로 다양하다. 샌드위치도 보통이아니다. 스테이크 샌드위치인 프레구, 돼지고기로 속을 채운 브레드 롤, 비파나 중 골라서 먹어보자. 리스본에서는 대체로 음식이 고급이지만 매우 저렴하다. 즉 예산이 부족한 나 홀로 여행객도 매일 밤 외식을 즐길 수 있다는 뜻이다.

세르베자리아 하미루 Cervejaria Ramiro, 인텐덴트 Intendente

하미루가 얼마나 대단한 곳인지 알고 싶으면 디저트 코스를 보면 된다. 아마 먹어본 것 중 가장 맛있는 해산물을 맛보게 될 텐데, 큼직한 새우를 소금만 뿌려 구운 것, 마늘과 버터를 넣어 요리한 조개, 통째로 조리한 바닷가재, 신선하고 맛있는 굴 등을 먹는다. 그런 다음엔 디저트인 소브레메사를 주문한다. 하미루에서는 스테이크 샌드위치가 디저트로 나온다. 빵에 스테이크를 통째로 넣었다. 그렇게 식사를 마무리하면 된다.

Av. Almirante Reis 1, Lisbon

www.cervejariaramiro.pt

파스테이스 드 벨렝 Pasteis de Belém, 벨렝

이곳엔 비밀이 없다. 파스테이스 드 벨렝은 포르투갈 타르트라고 더 많이 알려져 있는 파스테이스 드 나타를 파는 곳으로, 매일 2만 3천 개가 팔려나간다. 그러니까 하루 종일 배고픈 손님들이 카운터 앞에서 기다리거나 가게 안에 자리를 잡으려고 줄을 서 있다는 뜻이다. 관광객에게 인기가 많고 늘 붐빈다. 하지만 타르트가 정말 맛있다. 파스테이스 드 나타는 이 집이 오리지널이고 최고다. 자기도 모르게 몇 개를 더 주문하고 있는 자신을 발견하게 될 것이다.

Rua de Belém 84, Lisbon

www.pasteisdebelem.pt

타임아웃 마켓에 가면
한 지붕 아래에 리스본 최고의
셰프와 음식이 모여 있다.

타임아웃 마켓,
카이스 두 소드레 Cais Do Sodré

겉보기에는 좀 싸구려에 평범한 가게 같다.
잡지사에서 마켓을 운영한다고? 별로 기대
되지 않을 것이다. 하지만 리스본에 머무는
내내 한 군데에서만 식사를 할 수 있다면 난
이 타임아웃 마켓을 추천하겠다. '타임아웃'
잡지사에서는 오래된 히베이라 시장의 한
구역을 용도 변경해 거대한 고급 푸드 코트
를 만들었다. 그리고 리스본에서 가장 뛰어
난 셰프와 유명한 음식점을 초대해 한 지붕
아래 조그맣고 싼 아웃렛을 내도록 권했다.
덕분에 각종 리스본 최고의 요리를 바로 여
기서 조금씩 맛볼 수 있게 되었다.

Av. 24 de Julho, Lisbon

www.timeoutmarket.com

타베르나 다 후아 다스 플로레스 Taberna da
Rua das Flores, 바이후 알투

리스본 음식 문화의 즐거움 중 하나는 바로
스페인의 타파스와 비슷한 전채 요리, 페티
스쿠스다. 바이후 알투에 있는 작고 안락한
음식점, 타베르나 다 후아 다스 플로레스는
리스본에서 가장 뛰어나고 독창적인 페티스
쿠스를 내놓는다. 전통 포르투갈 레시피에
서 영향을 받은 것부터 전 세계의 맛을 가미
한 것까지 메뉴가 고정되어 있지 않고 바뀐
다. 세련된 분위기의 음식점으로 동료들과
조용한 저녁을 보내기에 안성맞춤이다.

Rua das Flores 103, Lisbon

+351-21-347-9418

어디서 마실까

오로지 유흥을 즐길 목적으로 리스본에 오는 사람들도 많다. 전통적인 펍, 작고 편안한 현지 술집, 루프톱 바, 심장 뛰는 클럽까지, 없는 게 없으니까 말이다. 이 곳은 혼자 나가서 즐기기에도 좋은 도시고, 술은 싸고 사람들은 친절한 활기 넘친다. 유럽 각지에서 온 듯한 젊고 재미있는 사람들로 가득 찬 캐주얼한 술집을 찾고 있다면 바이후 알투로 가자. 좀 더 전통적이고 현지 느낌이 나는 곳을 찾는다면 알파마가 최고다. 세련된 밤을 보내고 싶다면 프린시프 헤알에 있는 칵테일 바가 좋겠다. 리스본에서는 혼자 술을 마셔도 아무 문제가 없다. 여느 도시에서와 마찬가지로 안전에 조금만 유의하면 즐거운 밤을 보낼 수 있을 것이다.

타스카 두 치쿠 Tasca do Chico, 알파마

리스본의 뛰는 심장을 느끼고 싶다면 파두 바에 가서 현지 전통 음악을 들어보자. 파두는 파티의 흥을 돋우는 음악은 아니다. 블루스 음악에 대한 포르투갈의 답가랄까, 손으로 뜯는 기타 연주로 잃어버린 사랑과 슬픔을 노래하는 음악이다. 하지만 포르투갈에서는 매우 인기가 있으며 알파마의 파두 바에는 한 번쯤 꼭 가봐야 한다. 타스카 두 치쿠는 거의 매일 밤 라이브 연주를 하는 이 지역 최고의 파두 바다.

Rua dos Remedios 83, Lisbon

www.facebook.com/atasca.dochico

파크 바 Park Bar, 바이후 알투

리스본은 언덕이 많은 도시이기 때문에 어디에서나 경관이 좋다. 그리고 이곳은 그런 풍경을 즐기기에 최고의 장소 중 하나다. 파크 바는 바이후 알투와 프린시프 헤알의 경계에 있는 주차장 건물 꼭대기에 위치한다. 도시가 한눈에 다 들어오는 이 바에서는 도심 속 정원 안에서 술과 음식을 즐기는 젊은이들을 만날 수 있다. 일몰 구경으로도 인기있는 곳이지만 늦게까지 영업한다.

Calçada do Combro 58, Lisbon

www.facebook.com/parklisboaofficial

키메라 브루펍 Quimera Brewpub, 알칸타라 Alcântara

포르투갈 와인은 훌륭하며 이곳 칵테일도 무척 뛰어나다. 하지만 가끔은 맥주를 마시고 싶을 때가 있다. 그럴 때 여기로 가면 된다. 이 술집은 알칸타라 지역 중앙에 있는 18세기에 만든 터널 안에 자리 잡고 있으며 자체 수제 맥주를 판매한다. 장소가 매우 아늑하면서 멋지고, 맥주는 일반적인 (베이지색) 포르투갈 맥주와는 상당히 다르다.

Rua Prior do Crato 6, Lisbon

> www.quimerabrewpub.com

파빌량 시네스 Pavilhão Chinês, 프린시프 헤알

혼자 술을 마시러 갈 텐가? 지루할까 봐 걱정인가? 파빌량 시네스로 가자. 이 오래된 클래식 바는 인테리어 때문에 많이 찾기도 한다. 벽면에 온갖 수집품과 잡다한 것들이 가득 들어차 있기 때문이다. 모형 비행기, 조각품, 유니폼, 포스터, 머그잔, 액션 피겨까지, 없는 게 없다. 술 한잔 시키고 그것들을 구경하면 지루할 틈이 없다.

Rua Dom Pedro V 89, Lisbon

> www.facebook.com/pavilhaochineslisboa

▲ 포르투갈에서 가장 유명한 술, 포트 와인을 현지 가게에서 팔고 있다.
▼ 야외 테이블에서 하는 식사는 언제나 인기가 좋다.

무엇을 할까

리스본 거리를 돌아다니며 마주치는 걸 보는 것만으로도 가치가 있다. 거리 자체가 명소이기 때문이다. 오래된 자갈길과 전통적인 타일로 장식한 아름다운 건물, 1층에서 만날 수 있는 작은 앤티크 가게나 카페, 술집, 부티크. 리스본에서는 딱히 계획을 세울 필요가 없을 듯하다. 그저 한가하게 돌아다니며 구경하는 것만으로도 충분하다. 그러나 굳이 관광 명소를 구경하고 싶다면 물론 그런 것도 있다. 벨렝의 강변 지대는 유네스코에 등제된 제로니무스 수도원도 있고 16세기 요새로 쓰인 탑, 벨렝 탑도 있다. 카스텔루Castelo에는 언덕 위 성도 있고 라파Lapa에는 미술관도 있다. 하지만 정말로 리스본은 정처 없이 돌아다니는 게 최고다.

28번 트램 타기

알파마는 리스본의 또 다른 경험이 시작되는 곳, 즉 28번 트램을 타는 곳이다. 100년 정도 된 덜컹거리는 객차는 그 자체로 명물이다. 28번 트램은 실제로 알파마를 지나가기 전에 그라사Graça에서 출발해 바이샤와 시아두Chiado, 바이후 알투와 프린시프 헤알을 거쳐 캄푸 드 오리크Campo de Ourique 까지 운행한다. 다른 말로 하면 도시의 경관 좋은 곳들을 모두 둘러볼 수 있다는 뜻이다. 게다가 가격도 2~3유로밖에 하지 않는다.

푸드 투어 하기

리스본 서쪽 캄푸 드 오리크에 가면 딱히 별 특징이 없어 보여 그냥 지나쳐 돌아오기 십상이다. 하지만 이곳이 사실 리스본 미식의 허브라는 걸 알아야 한다. 테이스트 오브 리스보아Taste of Lisboa 는 캄푸 드 오리크에서 푸드 투어를 진행한다. 관광객들에게 한번도 들어본 적 없는 포르투갈 전통 요리를 소개해준다. 그리고 이곳은 시끄러운 관광객 무리가 전혀 보이지 않는 조용한 곳이라는 장점도 있다.

> www.tasteoflisboa.com

신트라 Sintra 방문하기

리스본 자체만으로도 충분히 멋지고 리스본을 다 둘러보는 데도 몇 주가 걸리겠지만,

짬을 내서 근처에 있는 신트라에 가보는 것도 괜찮다. 신트라산 기슭은 유네스코 문화유산으로 등록될 만큼 멋지다. 또 원래 신트라는 포르투갈 왕족들이 휴가를 보내러 오던 곳이라고 한다. 언덕 위에 위치한 알록달록한 페나 궁전 Palácio da Pena도 인스타그램에서 사랑받는 명소다.

알파마에서 길 잃기
리스본에서 가장 오래된 구역, 알파마는 느긋하게 돌아다니기에 가장 좋은 곳이다. 한때는 선원들과 부두 노동자들이 살던 거친 동네였지만, 지금은 서서히 고급 주택지로 변하고 있다. 하지만 아직도 조그만 술집, 카페, 가게 같이 특색 있는 곳이 많다. 세 성당 Sé Cathedral, 포르타스 두 솔 Portas do Sol의 전망대, 내셔널 판테온 National Pantheon도 잊지 말고 가보자.

알파마는 정처 없이
돌아다니기에 좋은 곳이다.

16세기에 지은 타구스강의 요새, 벨렝 탑.

암스테르담

AMSTERDAM

한 관광객이
암스테르담의 국립박물관,
레이크스 박물관
앞에 서 있다.

누구나 암스테르담을 안다.
아니면 적어도 암스테르담을
안다고 생각한다.

그들이 안다는 건 성인용품 가게 쇼윈도, 뿌연 연기가 가득 찬 커피숍, 파티에 가려고 모여 있는 사내들, 술에 잔뜩 취한 여행자들, 사람들로 가득 찬 나이트클럽, 지저분한 배낭여행객용 술집 등일 것이다. 그럴 만도 하다. 암스테르담에는 실제로 그런 것들이 다 있으니 말이다. 당신도 관광객들로 붐비는 지역, 센트럼Centrum과 홍등가Red Light District에서만 지내고, 매직 버섯을 사러 레이드세플레인Leidseplein에만 슬쩍 들렀다면 암스테르담의 특징과 매력은 정말 그게 다라고 생각할 수도 있다.

하지만 이건 완전히 틀린 거다. 암스테르담에는 누구나 알 만한 것들 외에 훨씬 많은 것이 있다. 지저분한 쪽도 다른 곳에서는 절대로 보지 못할 것일 테니 경험해볼 가치가 있겠지만, 이는 암스테르담의 극히 일부일 뿐이다. 대부분의 현지인은 그런 구역과는 아무 관계도 없고 거기에 그런 데가 있는지도 거의 모른다. 진정한 암스테르담, 당신을 매

혹하고 다시 돌아오고 싶게 만드는 그 암스테르담은 홍등가 밖에 존재한다.

암스테르담은 녹지 공간을 잘 갖춘 도시다. 계절에 따라 변화하는 거대한 공원과 보호구역이 아주 많다. 그런 곳들은 여름에는 인기 있는 휴식처였다가, 봄가을에는 소풍, 파티, 모든 걸 할 수 있는 공간, 그리고 겨울에는 산책과 자전거 타기에 좋은 조용하고 아름다운 오아시스 같은 곳으로 변모한다. 암스테르담의 커다란 폰델 공원Vondelpark은 암스테르담의 큰 보호구역 중 하나로 나무와 풀, 호수가 어우러진 곳이다. 아주 넓은 평지가 있는 렘브란트 공원Rembrandtpark, 암스테르담에서 가장 인기 있는 시장 근처에 있는 도심 놀이터, 사르파티 공원Sarphatipark도 있다.

암스테르담은 옛 거장부터 최첨단 젊은 작가들까지 다 있는 예술의 도시다. 유럽 최고의 박물관과 미술관 중 일부가 암스테르담에 있다. 이곳은 역사의 도시이기도 하다. 오래된 그림책에서 보던 집들과 자갈 깔린 길만 봐도 알 수 있다. 요르단Jordaan이나 더페이프De Pijp 같은 곳은 한적하게 돌아다니기에 정말 좋은 곳이다. 이 전통적인 지역은 요즘 앤티크 제품, 현대적인 장식품, 빈티지 의류, 디자인 제품을 파는 가게로 가득하다.

술과 음식에 있어서도 빠지지 않는다. 이곳엔 격렬한 파티가 열리는 초대형 클럽도 있고 배낭여행객들이 모이는 초라한 술집, 더 불도그The Bulldog와 더 그래스호퍼The Grasshopper처럼 암스테르담에서 합법인 것이라면 무엇이든 다 파는 악명 높은 커피숍도 있다. 하지만 현지인들은 절대 이런 곳엔 안 간다. 현지인들은 '브라운 카페'라고 불리는 전통적인 카페에 간다. 갈색 나무판자를 덧댄 이 카페는 음식도 맛있고 맥주도 훌륭하다. 그리고 현지인들은 요르단이나 원형 운하 근처 거리에 있는 작지만 멋진 술집을 좋아한다.

암스테르담에는 가볼 곳이 너무 많아서 며칠만 묵어서는 이것들을 다 보지 못할 거라고 생각할 수 있겠다. 하지만 놀랍게도 이렇게 유명한 도시 치고 암스테르담은 조그맣다. 인구가 백만 명도 안 되며 현지인들처럼 자전거를 타고 도시 전체를 다 둘러볼 수 있다. 자전거 대여점도 무척 많으니 한 대 빌리면 교통수단 걱정은 끝이다. 암스테르담은 자전거 친화적인 도시로 자전거만으로도 안전하게 어디든 갈 수 있다. 자전거 여행을 위해 만든 도시 같다.

암스테르담처럼 네덜란드도 전체적으로 자그마한 나라다. 그러니 암스테르담을 근거지로 삼아 전국을 여행해볼 수도 있다. 하를럼 Haarlem 이라는 예스러운 마을은 기차로 15분이면 갈 수 있다. 학생이 많이 살고 운하 옆으로 술집과 음식점이 많은 위트레흐트 Utrecht 는 25분 거리다. 헤이그 Hague 는 기차로 45분, 로테르담 Rotterdam 은 한 시간이 걸린다.

암스테르담엔 즐길 게 많아 나 홀로 여행객이어도 혼자라는 걸 느낄 틈이 없을 것이다. 네덜란드 사람들이 낯선 사람들에게 다소 쌀쌀맞고 곧바로 친해지기는 쉽지 않을 수 있지만, 관광산업이 워낙 발달한 곳이기 때문에 경험을 나눌 동료가 부족할 일은 절대 없을 것이다. 단기간 여행을 온 사람일 수도 있고 암스테르담에 장시간 머무는 사람일 수도 있지만, 어쨌든 여기서는 동료를 만나기 쉽다.

당신이 안전한 행동을 하지 않거나, 안전하지 않기로 마음먹었다 하더라도 암스테르담은 안전한 도시이며 길을 찾기도 쉽고 혼자 즐기기도 좋다. 혼자서 박물관을 돌아다니고, 혼자서 쇼핑을 하고, 혼자서 브라운 카페의 카운터 앞에 앉고, 혼자서 자전거를 타고 도시를 돌아다녀도 아무 문제 없다.

암스테르담에 갈 거면 시간을 충분히 할애하자. 관광객이 좋아할 만한 뻔한 것들에 이끌려 암스테르담에 갔다가도(물론 그것들도 재미있을 수 있지만), 현지의 숨겨진 매력 때문에 더 머물고 싶어질 테니 말이다.

암스테르담을 구경하기에 자전거보다 편하고 인기 있는 교통수단은 없다.

암스테르담에 갈 예정이라면
시간을 충분히 할애하자.

▲ 네모 과학 박물관.
◀ 유명한 레이크스 박물관 내부.

언제 갈까

이상하게 들릴 수도 있지만, 유럽의 여름이 상당히 긴 것을 고려했을 때 암스테르담에 가기 가장 좋은 때는 4월이다. 네덜란드에서 가장 큰 축제인 킹스데이 King's Day는 4월 27일에 열리며 이때 도시 전체가 광란의 도가니가 된다. 가장 멋진 네덜란드를 보고 싶다면 이때 방문하는 게 좋겠다. 게다가 4월은 매년 튤립 축제가 열리는 달이자 비가 가장 적게 오는 달이기도 하다. 또 이때는 관광객이 너무 정신없이 모이는 때도 아니라 좋다. 한여름의 암스테르담은 너무 붐비고 비싸다. 하지만 7월 말과 8월 초에 게이 프라이드 퍼레이드가 있으니 이때 방문하는 것도 의미 있겠다.

◀ 담 광장에서 사람들을 즐겁게 해주고 있는 거리 공연자.
▶ 나무로 만든 튤립.

어디서 지낼까

암스테르담에는 단점이 있다. 싸지 않다는 것이다. 호스텔 공용 객실 침대 하나에 30유로 이상을 써야 하고 1인실에는 훨씬 더 많은 돈을 지불해야 한다. 암스테르담은 작은 도시지만, 인기가 많다 보니 부동산 가격이 높다. 그래서 숙소에 비용이 많이 든다. 그런 반면 장점도 있다. 배낭여행객에게 인기가 있는 도시이기 때문에 그만큼 그들을 위해 마련된 호스텔이 많다. 서둘러 예약만 한다면 아무 문제 없이 친근하고 깨끗하며 사교적인 데다 중심가에서 가까운 호스텔을 잡을 수 있을 것이다(한 가지 경고하자면, 암스테르담에서 '파티 호스텔'이라고 불리는 곳은 진짜로 장난이 아니라는 사실이다).

암스테르담을 떠올리면 반원형으로 이루어진 운하가 떠오를 것이다. 운하는 (홍등가도 위치한) 도시 중심지, 센트룸을 중심으로 반원형으로 펼쳐져 있다. 암스테르담 호스텔도 대부분 여기에 위치하고 운하를 따라 흩어져 있는 것도 몇 군데 있다. 다소 가격이 싸면서 센트룸에서 멀지 않은 호스텔을 찾는다면 폰델 공원이나 암스테르담 노르트 Amsterdam Noord로 가보자.

클링크노르트 ClinkNOORD, 암스테르담 노르트

암스테르담 중심부에 있고 싶지만, 그렇다고 실제로 암스테르담 중심부에서 지내고 싶지는 않은 사람은 여기로 가면 된다. 클링크노르트는 에이강 IJ River만 건너면 나오는 곳으로 센트랄 역에서 페리를 타면 금방 도착한다. 1920년대 연구실이었던 이 건물을 멋진 호스텔로 재단장했으며, 도서관, 작업실, 카페, 바, (여성 전용실을 포함한) 다양한 규모의 객실, 각종 편의 시설을 갖추었

다. 암스테르담의 광기에 지쳤을 때 마음맞는 나 홀로 여행자들끼리 긴장을 풀기에 완벽한 곳이다.

Badhuiskade 3, Amsterdam

www.clinkhostels.com

플라잉 피그 Flying Pig, 센트룸

격렬한 파티 분위기의 암스테르담을 경험하고 싶다면, 다운타운과 업타운에 하나씩 있

는 이 호스텔을 찾아가자. 플라잉 피그는 좋
은 측면으로도, 나쁜 측면으로도 악명이 높
다. 두 군데 모두 깨끗하고 친절하며 현대적
인 설비를 갖추었다. 또 두 군데 모두 위치
가 아주 좋다. 현지 DJ가 나오는 바를 새벽
3시까지 운영하기 때문에 술 마시기도 좋
고, 빈백 소파와 쿠션을 비치한 흡연실도 있
으며 간단한 스낵도 판매한다. 이런 분위기
의 호스텔을 찾고 있다면 더할 나위 없이 좋
지만, 아니라면 다른 데로 가자.

Nieuwendijk 100, Amsterdam
Vossiusstraat 46, Amsterdam

www.flyingpig.nl

▲ 암스테르담의 매력적인 거리.
▼ 암스테르담의 운하에는 구경거리가 많다.

어디서 먹을까

암스테르담이 미식 여행 목적지로 알려진 적은 없었다. 현지 네덜란드 음식 대부분은 상당히 밋밋하고, 외국에서 전해진 음식도 정통으로 맛있는 것도 있지만 싸고 형편없는 것도 많았다. 하지만 상황이 급속도로 달라지고 있다. 셰프들이 전통적인 레시피에 활력을 불어넣고 새로운 스타일의 음식을 시도하면서, 일반적인 오래된 음식점에도 생기가 돌기 시작했다. 좀 괜찮은 음식점은 가격이 많이 비싸다. 하지만 도시 전역에 캐주얼한 음식점이 있기 때문에 예산이 부족한 여행객이 즐길 만한 선택지도 상당히 많다. 고급 레스토랑에는 혼자 밥을 먹는 사람이 드물다. 그러나 다음에 소개하는 음식점에서는 그 누구도 혼밥족에게 시선을 주지 않을 것이다.

페보 Febo, 다양한 지역

'De lekkerste'는 페보의 슬로건으로 '가장 맛있다'는 뜻이다. 암스테르담에서 지내는 동안 새벽 3시에 페보에 들러보면, 아마 여러분도 이 말에 동의하게 될 것이다. 페보에서는 암스테르담 최고의 네덜란드식 패스트 푸드를 판다. 고기소를 넣은 크로켓과 고기를 동그란 모양으로 튀겨 겨자 소스에 찍어 먹는 '비테르발렌' 같은 것들 말이다. 조그만 자판기 같은 곳에서 음식이 나오기 때문에 점원과 대면할 필요가 없다. 페보 체인점은 도시 곳곳에 있다.

다양한 지역

www.febo.nl

플람스 프리터스하위스 플레밍크스 Vlaams Friteshuis Vleminckx, 센트륌

네덜란드 사람과 벨기에 사람을 한 방에 넣어놓고 어느 나라가 세계 최고의 감자튀김을 만드느냐 물어보면, 바로 싸움이 날 것이다. 사실 벨기에 감자튀김이 더 유명하긴 하지만 딱히 패자는 없다. 두 나라 감자튀김 모두 기가 막히기 때문이다. 네덜란드에서 가장 맛있는 감자튀김을 맛보고 싶다면, (감자튀김에 진한 마요네즈를 뿌려주는) 플레밍크스로 가자. 센트륌에 있으며 언제나 손님이 끊이지 않는 감자튀김 가게다.

Voetboogstraat 33, Amsterdam

www.vleminckxdesausmeester.nl

알버르트 카위프 시장Albert Cuyp Markt, 더페이프

더페이프 거리에 매주 6일 동안 열리는 커다란 시장, 알버르트 카위프에는 재미있는 것이 정말 많다. 신선한 물건이 많아서 호스텔에서 몇 끼 요리할 재료를 사기에 최고다. 네덜란드에서 인기 높은 간식을 맛볼 수도 있다. 양파를 곁들여 먹는 절인 청어(생각보다 괜찮다)도 있고 캐러멜 시럽을 뿌린 얇은 와플 샌드위치인 스트롭바펄(생각만큼 맛있다)도 있다. 시장 주면에는 괜찮은 음식점과 술집도 아주 많다.

Albert Cuypstraat, Amsterdam

> www.albertcuyp-markt.amsterdam

빙컬 43Winkel 43, 요르단

여기는 꼭 먹어봐야 할 또 다른 지역 명물을 판다. 바로 네덜란드식 애플 파이, 애플 타르트다. 듬성듬성 썬 사과를 양념을 더해 졸이고 바삭한 페이스트리로 감싸서 애플 타르트를 만든 후 큼지막하게 잘라 신선한 휘핑크림을 얹어 내놓는 게 정석이다. 그리고 빙컬 43에서는 바로 그 애플 타르트의 정석을 맛볼 수 있다. 여름이라면 가게 밖 공용 테이블에 앉아서 햇볕을 받으며 맛있게 즐기자.

Noodermarkt 43, Amasterdam

> www.winkel43.nl

▲ 숙성 중인 네덜란드 전통 치즈.
▼ 암스테르담의 음식 문화가 발달하면서 세계 각국의 음식에 대한 선택권이 넓어졌다.

어디서 마실까

암스테르담의 유흥과 술 문화에는 여러 갈래가 있다. 한 갈래는 전통적인 현지 술집으로 적당한 맥주와 간단한 안주, 좋은 대화가 있는 곳이다. 또 한 갈래는 새롭게 유행하는 것으로 칵테일 바부터 수제 맥주 펍, 강변 공터 같은 야외에 열리는 술집이다. 홍등가를 중심으로 한 지저분한 유흥의 세계도 있다. 스트립 클럽이나 섹스 쇼, 이곳에서는 합법인 대마초를 파는 커피숍, 관광객을 상대로 비싼 맥주를 파는 가게 등이 있다. 배낭여행객을 위주로 한 갈래에는 호스텔에서 대량으로 마시는 술, 도시 중심가 허름한 술집 등이 포함된다. 그리고 마지막으로는 파티가 있다. 앞에서 언급한 곳들에서 한 잔씩 마시고 온 사람들이 땀 냄새나는 클럽에 집결해서 한밤중까지 춤을 추는 것이다.

브라우에레이헤테이 Brouwerij't IJ, 암스테르담 오스트 Amsterdam Oost

이곳은 암스테르담에서 가장 높은 풍차 아래, 아주 매력적인 옛 건물에 위치한 탓에 훨씬 오래돼 보이지만, 사실 30년 조금 넘게 영업했다. 따뜻하고 맑은 오후, 운하 옆 비어 가든에서 편안히 앉아, 국적과 나이를 불문한 많은 사람들과 뒤섞여 맥주를 마시고 싶다면 이곳으로 가자. 훌륭한 맥주도 맛보고 유럽의 정취를 만끽할 수도 있다.

Funenkade 7, Amsterdam

www.brouwerijhetij.nl

카페 크리스 Café Chris, 요르단

합법적인 네덜란드 음주 문화를 최대치로 경험하고 싶다면 브라운 카페로 가자. 브라운 카페는 네덜란드 전통 술집으로 갈색 나무판자를 덧댄 벽 때문에 그런 이름이 붙었다. 암스테르담 전역에서 브라운 카페를 쉽게 찾을 수 있을 것이다. 모두 오래되고 살짝 지저분한 느낌이지만, 맥주가 싸고 음식이 맛있으며 손님들이 유쾌하다. 카페 크리스도 이런 오리지널 브라운 카페 중 하나로, 1624년 문을 연 이후 손님들의 갈증을 해소해주고 있다.

Bloemstraat 42, Amsterdam

www.cafechris.nl

암스테르담 루스트 Amsterdam Roest, **센트룸**
암스테르담 사람들은 겨울엔 동면에 들어가는 듯하지만 여름엔 모두 놀러 나온다. 날씨가 좋으면 거실에 있는 가구까지 길거리에 꺼내놓고 일광욕을 시키기도 하고, 공원에 소풍을 가거나, 비어 가든이나 야외 술집으로 향한다. 루스트는 야외 술집으로 운하 옆에 넓게 자리 잡고 있으며 인공 모래사장과 어른 사이즈의 정글짐을 갖추었다. 아, 물론 맥주도 있다.

Jacob Bontiusplaats 1, Amsterdam

> www.amsterdamroest.nl

클럽 NYX Club NYX, **센트룸**
암스테르담의 기나긴 밤에 시간을 보내기 좋은 클럽은 수도 없이 많다. 하지만 NYX는 그중에서도 최고가 분명하다. 이 자유로운 마인드의 도시를 대표하는 클럽이다. 이곳은 표면상은 게이 클럽이지만, 누구나 환영받는다. 뻔한 배낭여행객용 바에만 가다가 여기에 가면 기분 전환할 수 있다.

Reguliersdwarsstraat 42, Amsterdam

> www.clubnyx.nl

암스테르담 사람들은
겨울엔 동면에 들어가는 듯하지만,
여름엔 모두 놀러 나온다.

전통적인 '브라운 카페'.

무엇을 할까

암스테르담을 찾은 대부분의 방문객은 낮 동안 숙취 때문에 곯아떨어진다. 뭐, 그것도 괜찮다. 이곳이 그런 도시니까 말이다. 하지만 호스텔에서 빠져나와 도시를 탐험하는 게 더 의미 있지 않을까? 암스테르담에도 할 게 많다. 우선 이곳은 자전거만 타면 길을 찾기가 매우 쉽다. 그리고 도시가 상당히 작기 때문에 2~3일이면 주요 명소를 다 둘러볼 수 있다. 낮 동안 박물관에서 고급 문화를 흡수하고, 시장에서 신선한 식재료를 쇼핑하고, 작은 가게를 구경하고, 페리를 타고 에이강을 건너고, 과소평가된 노르트 지역을 방문하면, 밤에 저지른 죄악을 씻어낼 수 있다. 아니면 그냥 커피숍에 가서 합법적으로 취해버릴 수도 있다. 모두 당신이 결정할 일이다.

커피숍 가기

암스테르담에 있다면 당신은 필히 커피숍에 방문해야 한다(다소 헷갈리지만 꼭 기억하라. 암스테르담의 카페에서는 커피를 팔고, 커피숍에서는 대마초를 판다). 굳이 대마초를 피고 싶지 않더라도 가서 커피숍을 둘러보는 것만으로도 학습 체험이 된다. 암스테르담 최고의 커피숍이면서도 너무 관광객들 입맛에 맞게 바뀌지 않은 곳으로는 트베이드 카머르tweedekamer.shop와 라 테르툴리아coffeeshoptertulia.com이 있다. 암스테르담에서는 무엇이든 허용될 것 같지만 공공 장소에서 대마초를 피는 건 여전히 불법이므로 커피숍에서 피거나 허용되는 호스텔에서만 사용해야 한다.

시장 구경하기

조금 더 유익한 경험을 하고 싶다면 암스테르담의 시장을 방문하자. 그곳에서 매일 생계를 꾸려나가는 현지인들과 어울릴 수도 있다. 암스테르담 시장 중 일부는 몇 세기 역사를 자랑하는 곳도 있다. 또 과일과 채소부터 빈티지 레코드판까지 없는 게 없다. 빈티지 의류나 앤티크 제품을 사기 위해서는 바테를로플레인Waterlooplein 시장, 꽃을 사려면 블루멘마르크트Bloemenmarkt, 산지 직송 식재료는 노르데르마르크트Noordermarkt, 치즈를 사려면 니우마르크트Nieuwmarkt로 가면 된다. 시장이 열리는 요일이나 시간은 계절에 따라 다르니 방문 전에 확인하자.

www.iamsterdam.com

자전거 대여하기

이거다. 암스테르담 방문객이라면 누구나 이걸 해야 한다. 이 도시는 자전거를 위해 만들어졌다고 할 수 있을 정도다. 어디를 가든 자전거 전용 도로가 깔려 있다. 나 홀로 여행객이라면 무조건 자전거를 빌려야 한다. 이것이 암스테르담을 싸고, 즐겁게, 제대로 여행할 수 있는 방법이다. 자전거에 익숙하지 않다면 가이드가 딸린 자전거 투어로 시작하는 것도 괜찮다. 도시에 대한 정보도 주고 이곳의 자전거 예절도 알려준다. 마이크스 바이크 Mike's Bike 에서 멋진 투어를 진행하므로, 머무는 내내 그 회사에서 자전거를 대여할 수도 있다.

www.mikesbiketoursamsterdam.com

박물관 투어하기

일부 도시에서는 박물관이나 미술관에서 하루를 보내는 게 시간 낭비일 수도 있지만, 암스테르담은 그렇지 않다. 세계 일류 작품이 모여 있기 때문에 그것들을 놓치는 건 큰 실수다. 반 고흐 미술관 Van Gogh Museum 에서 시작해 레이크스 박물관 Rijksmuseum, 렘브란트 하우스 박물관 Rembrandt House Museum, 암스테르담 박물관 Amsterdam Museum, 안네 프랑크 하우스 Anne Frank House까지 둘러보자.

www.iamsterdam.com

레이크스 박물관을 포함해
암스테르담의 박물관과
미술관 투어에 시간을 할애하자.

자전거는 암스테르담에서 가장 이상적인 이동 수단이다.

/ 8 장 /

어디로 갈까?

▲ 미국 라스베이거스의 카우보이 모양 네온사인.
▼ 이탈리아 타오르미나의 경관.

이집트 기자의 피라미드.

쿵. 쿵. 쿵.

옆방 사람들이 또 시작이었다. 화장대 위 장식품들이 덜컹덜컹거렸다. 쿵. 쿵. 쿵. 밤중에 이 시간만 되면 인접한 벽을 타고 들려오는 리드미컬한 소음. 원인은 한 가지뿐이었다.

그들은 신혼여행객이었기에 그럴 수밖에 없었다. 게다가 이곳은 타히티, 흔들리는 야자나무와 정열적인 해가 있는 로맨틱한 장소이니 더욱더 이해가 됐다. 하지만 단 하루만이라도 나 홀로 여행객의 처지를 이해해줄 수는 없는 건가!

이건 시작에 불과했다. 다음 날 나는 프렌치 폴리네시아의 또 다른 섬에 가기 위해 비행기에 올라탔다. 비행기 스테레오 시스템을 통해 노래가 흘러나오고 있었다. 비행기가 활주로로 들어서는 순간 후렴이 귀에 꽂혔다. "내 눈엔 당신만 보여요." 지금 농담하시는 거죠?

나 홀로 여행은 신나는 경험이다. 하지만 열대 섬에서 '저기 혼자 온 남자'를 이상하게 쳐다보며 서로 껴안고 있는 신혼여행객에게 둘러싸여보면, 그때는 말이 달라진다. 결국 정처 없이 해변을 걷는 것도 옆에 같이 걸을 사람이 있어야 비로소 의미 있어진다. 과일 향 나는 칵테일을 혼자 마시면 여간 기가 꺾이는 게 아니다.

어쨌든 신혼여행객의 천국으로 돌아가보자. 타히티에서 보트를 타고 조금만 나가면 되는 무레아섬은 기본적으로 하트 모양을 닮았다. 그러니 바짝 긴장해야 한다.

페리 터미널에 도착하자 거대한 폴리네시아 남자가 나를 반겨주었다. 그리고 내 배낭을 핸드백처럼 어깨에 들쳐메고 내 뒤를 둘러보았다.

"몇 명 더 있어?" 그가 물었다.

"음… 없어."

그는 충격을 받은 것 같았다. "너만? 혼자?"

난 고개를 끄덕였다. 그는 어깨를 으쓱하더니 내 짐을 밴 뒤에 던져넣고 운전석에 앉았다. 그는 시동을 걸어 길에 나오는 내내 룸미러로 나를 빤히 쳐다보았다.

"와이프 없어?" 그가 물었다.

난 한숨을 쉬었다. "없어."

그는 또 한 번 어깨를 으쓱하더니 차를 몰았다.

그 섬에서 몇 시간 있으니 그가 왜 그렇게 놀랐는지 알 수 있었다. 노아의 방주도 아닌데 무레아섬을 찾은 사람들은 모두 둘씩 짝을 짓고 있었다(번식이라는 목적도 비슷했다). 그리고 그들은 럭셔리한 리조트 안에서 벽을 흔들어대지 않을 때는, 현지의 액티비티를 즐겼다. 나는 곧장 섬의 화산 지대로 오토바이를 타고 가는 투어에 참여했다. 보험 계약서를 쓸 때부터 재미있었다.

"뒤에 타는 사람 이름은 여기에 적어." 가이드 마누가 종이 한 곳을 가리키며 말했다.

"아… 난 뒤에 탈 사람이 없는데."

"없다고?" 마누는 입을 꾹 다물었다. "알았어."

여섯 명의 신랑이 여섯 명의 신부를 뒤에 태우고 출발했다. 난 느릿느릿 그 뒤를 쫓아갔다. 뒷자리에 꼭 누군가를 앉혀야 한다는 불문율을 내가 깬 것 같았다. 곧 마누는 사람들을 불러 세우고 왼쪽 귀 뒤에 꽃을 꽂는 폴리네시아의 풍습을 이야기해주었다. "그런데 싱글 여자가 싱글 남자를 보면, 그러니까 혼자 온 벤, 당신 같은 사람을 보면 오른쪽 귀 뒤에 꽃을 꽂을 거야."

"고마워, 마누."

다시 출발하려는데, 내 앞에 있던 이탈리아 커플이 키스를 하려고 했다. 헬멧을 쓰고 있었기 때문에 입술은 잘 닿지 않았고, 플라스틱 바이저가 부딪쳐 이상한 소리만 났다. 사람들은 모두 너무 로맨틱하다는 표정으로 그들을 바라보았고, 둘은 조심스레 머리를 돌려 제대로 키스할 방향을 찾았다. 우웩.

그다음은? 잼을 맛보는 시간이었다! 마누가 데리고 간 조그만 공장에서 시식용 음식이 나왔다. 마누가 말했다. "한 커플당 한 접시라는 거 잊지 마." 잠시 후 마누가 나를 쳐다보며 말했다. "오, 벤, 넌 혼자 한 접시 다 먹을 수 있겠네."

오토바이를 타고 돌아오는 길, 커플들은 키스를 하기 위해 수시로

노아의 방주도 아닌데
무레아섬을 찾은 사람들은
모두 둘씩 짝을 짓고 있었다.

멈춰 섰다(한 프랑스 남편은 빠른 속력으로 강을 건너다 와이프를 다 젖게 만들어 어깨를 한 대 맞았다). 나는 혼자서 맨 뒤에서 달렸다. 마침내 하루가 다 저물었고, 나는 내 처지를 가장 쉽게 설명할 수 있는 말이 '저기 혼자 온 남자'라는 걸 깨달았다. 타히티가 한눈에 다 들어오는 전망대에서 이탈리아 신혼부부가 조심스럽게 내게 다가왔다.

"저기." 남자가 사진기를 내밀며 예의 바르게 말했다. "사진 한 장 찍어주지 않을래?"

이탈리아 타오르미나의
산에 핀 꽃.

이 챕터는 여행지에 대한
추천일 뿐만 아니라 경고이기도 하다.

당신이 정말로 가고 싶다면 혼자서 가지 못할 곳은 없다. 한 손에 칵테일 잔을 들고 리조트 풀장에서 어슬렁거리는 게 소원인데 그걸 함께 할 사람이 아무도 없다면, 혼자 가면 그만이다. 위험하다고 알려진 어떤 곳에 가보는 게 늘 꿈이었는가? 그리고 스스로 떠날 준비가 되었다고 생각하는가? 적당한 계획과 예방만 끝낸다면 혼자서도 충분히 갈 수 있다.

다음에 소개할 도시와 나라는 나 홀로 여행객이 절대로 가서는 안 되는 접근 금지 구역이 아니다. 내가 말하고 싶은 건, 특별히 나 홀로 여행을 하기에 좋은 곳이 있듯이, 되도록 혼자 가는 건 피해야 할 곳, 동료가 있을 때를 위해 미뤄두는 게 좋은 곳도 있다는 것이다. 이런 곳에도 언젠가 다시 갈 수 있다. 파트너나 친구들이 있을 때 다시 기회가 찾아올 것이다. 대신 지금 당장은 다른 곳으로 눈을 돌리는 게 나을 듯하다.

한밤의 라스베이거스 번화가.
동료들과 함께 가기에 좋은 곳이다.
파푸아뉴기니 라바울 근처.
어부가 월척을 기다리고 있다.

미국 라스베이거스

베가스에서의 올인.

숙취 없이 라스베이거스에서 눈을 뜨다니 정말 기분이 이상했다. 오전 9시에 눈을 떴고 멀쩡히 살아 있었다. 나는 눈이 멀 것 같은 사막의 햇볕 속으로 걸어 나왔다. 호텔 풀장, 풀장 안에 있는 바, 저쿠지 모두 사람이 없었다. 잡초만 굴러다닐 뿐. 드라마 〈워킹 데드〉 속에 들어온 것만 같았다. 라스베이거스 번화가의 아침엔 딱히 아무 일도 일어나지 않았다. 주변에 아무도 없었기 때문이다. 모두 지난밤의 잘못된 결정을 잊어버리려 잠을 자고 있거나, 잠에서 깨서는 오늘은 절대로 지난밤 같은 실수를 하지 않으리라 다짐하고 있겠지.

하지만 나는 아니었다. 나는 지난밤 술을 거의 한 잔도 하지 않았다. 혼자 여기 왔기 때문이다. 라스베이거스에 혼자. 모르는 사람들만 가득한 파티에 온 것 같은 이상한 기분이었다. 혼자서는 그 북적거리는 분위기에 곧바로 빠져들지 못한다. 한 발짝 물러서서 그 모습을 바라보며 이 도시가 얼마나 우스꽝스러운지 곰곰 생각하게 된달까.

라스베이거스에는 전에도 온 적이 있었고, 그때는 괜찮았다. 총각 파티라는 뻔한 목적을 가지고 왔기 때문이다. 나는 친구들 떼거리와 함께 여기 왔다가 친구 중 한 명을 잃어버렸다. 우리가 그를 마지막으로 본 건 새벽 4시 클럽에서 춤추는 모습이었다. 다음 날 결혼식에 참석하기 위해 라스베이거스를 떠나야 할 시간이 되었는데도 그 친구는 보이지 않았다. 몇 시간 후 비행기가 착륙하고 나서야 그와 연락이 닿았다. 그는 이런 문자를 보냈다. '라스베이거스 만세.'

그렇게 나는 라스베이거스의 미쳐 돌아가는 면, 이 도시를 유명하게 만든 바로 그 대표적인 면만 알고 있었다. 그리고 혼자 여기 돌아오니, 이상했다. 어젯밤 나는 쇼를 보았고, 거리를 돌아다녔고, 사람들이 도박을 하는 것도 보았다. 그리고 자러 갔다. 한밤중에. 이런 경우가 또 있을까.

중요한 건, 라스베이거스는 동료들이 꼭 필요한 도시라는 거다. 파티의 도시다. 다 같이 왔다가 미쳐버리는 곳이다. 확실히 나 홀로 여행객에 안전한 도시이기는 하다. 하지만 친구들과 함께 왔을 때 훨씬 더 재미있었다. 혼자 도박을 하는 건 재미가 없다. 슬프다. 지저분한 바에서 노래방 기계로 노래를 부르는 것도 흥을 돋우는 동료들이 없으면 좀 이상하다. 클럽에 가고, 롤러코스터를 타고, 플라스틱 잔으로 알록달록한 술을 마시고, 풀파티에 가고, 후회할 곳에 가는 것 모두, 친구들이 있어야 더 재미있다. 함께 갈 친구 두어 명이 있지 않은 이상 라스베이거스는 남겨두자.

이집트 카이로

택시 기사는 공항이 어디인지 전혀 몰랐다. 사기가 아니었다. 택시에 미터기가 없었기 때문에 우리는 미리 가격을 흥정했다. 돈을 더 뜯어내려고 일부러 빙글빙글 돌고 있는 게 아니었다. 그는 자기가 어디로 가는지, 공항이 어디에 있는지 아무것도 몰라 빙글빙글 돌고 있었다.

처음에 나는 의사 소통 문제인 줄 알았다. 나는 길에서 낡아빠진 택시를 임의로 불러 세워서, 뒷자리에 짐을 던져넣고 택시에 올라탔다. 나는 공항으로 가고 싶다고 했고, 가격을 흥정한 후 출발했다. 엄청난 속도로 정신이 하나도 없는 카이로의 도로를 달리기에, 나는 공항으로 가는 줄만 알았다.

하지만 신호를 받고 멈춰 섰을 때 기사가 나를 돌아보며 아라비아 말로 무어라 말을 했다. 자기가 어디로 가고 있는지 모르겠다는 이야기였다. 나는 양팔을 펼쳐 비행기가 이륙하는 모양을 흉내 냈다. "공항?"

택시 기사는 투덜거리며 속도를 높이더니 다시 대혼란의 차량 행렬 속으로 들어갔다.

그는 엄청난 속도로 운전하고 있었지만, 어딘지 몰랐다. 그는 옆에 선 다른 택시 기사들에게 속사포로 아라비아 말을 외쳤다. 다른 기사들

직설적으로 말하자면
카이로 여행은 쉽지 않다.

◀ 이집트 카이로의 무질서한 중심가.
▲ 세계에서 가장 큰 시장 중 하나인 카이로의 칸 엘-칼릴리 시장.
▼ 알-술탄 바르쿠크 모스크에 있는 세정식용 분수대.

이 뒷자리에 앉은 나를 쳐다보자 나는 또 팔을 벌리고 비행기 흉내를 냈다. 그렇게 몇 분을 더 달리고 똑같은 짓을 다른 기사들에게 반복했다. 어떻게 택시 기사들이 하나같이 공항 가는 길을 모를 수 있지?

그렇다. 이게 카이로다. 카이로는 크고 위협적이다. 또 혼란스럽다. 금방이라도 무너질 것 같다. 당신이 상상하는 것과 언제나 다른 방향으로 일이 진행되는 곳, 공항 가는 택시를 잡는 세상 단순한 일이 극도의 스트레스를 주는 활동이 될 수 있는 곳이 카이로다. 직설적으로 말하자면 카이로 여행은 쉽지 않다. 특히 혼자라면, 심지어 당신이 여성이라면 더더욱 그렇다. 여자 혼자 카이로로 여행을 갔다가는 곧바로 주목의 대상이 된다. 야유, 휘파람, 심지어 더 심한 일도 당할 수 있다. 실제로 위험한 일은 일어나지 않을 수도 있다. 하지만 위험 요소가 굉장히 많다. 편안하다는 느낌을 받을 수 있는 곳은 아니다.

혼자서라면 성별을 막론하고 카이로에 가지 말라는 뜻은 아니다. 이 도시엔 매력이 너무 많다. 친절한 현지인들이 선의로 여러분을 도와주기도 한다. 하지만 편안함, 이동의 편리함, 마음의 평화 같은 걸 원한다면, 동료가 생길 때까지 아니면 공항이 어디에 있는지 아는 택시 기사가 한 명이라도 생길 때까지 기다리는 게 좋겠다.

이탈리아 타오르미나

이곳에는 발코니에서 키스하는 커플이 있다. 사실 발코니에서 키스하는 커플이 스무 쌍은 있다. 그리고 이 커플들 뒤로 경기 전 국가를 부르는 축구 선수들처럼 사람들이 쭉 줄지어 서 있다. 다들 앞선 커플이 빨리 키스를 끝내고 나와주기를 기다리는 커플들이다. 그래야 자기들도 빨리 프렌치 키스를 할 수 있으니까.

일몰 시간은 어느 장소에서나 키스하기 좋은 때다. 몇몇 커플은 전문 사진가의 손을 빌려 이 사적인 순간을 기록으로 남기고, 또 어떤 커플은 아이폰으로 셀카를 찍어 인스타그램에 올린 뒤 사람들이 부러워하기를 기다린다. 이 순간을 기억 속에 새기는 것만으로 만족하는 커플도 몇 쌍 있다.

이곳은 시칠리아 동해안에 있는 산동네, 타오르미나다. 발코니는 이 마을의 중앙 광장이나 마찬가지인 곳으로, 지중해, 시칠리아의 해안선, 일 년 내내 연기를 내뿜는 에트나산, 천천히 지는 해를 한눈에 볼 수 있는 기가 막힌 전망대다. 이곳은 세계에서 가장 로맨틱한 장소 중 하나일지도 모른다. 이 작고 예쁜 마을의 거리, 발코니, 음식점에서 자기들이 커플임을 축복하는 커플들로 가득하다. 여기서 가볍게 키스를 하고, 저기서는 손을 잡고. 날씨는 따뜻하고 밤을 길고. 완벽하다.

　이 사랑과 욕망의 도시에 무슨 문제가 있냐고? 바로 혼자 여행하는 게 문제다. 나는 여기서 혼자 걸어 다니고, 한 잔씩 파는 와인을 홀로 마시고, 전망 좋은 장소에서 혼자 셀카를 찍고, 스파게티 면 한쪽 끝을 물고 있어줄 사람도 없이 혼자 후루룩 스파게티를 먹는 이상한 사내였다. 타오르미나는 믿을 수 없을 정도로 아름답다. 하지만 로맨스의 도시라는 명성에 걸맞게 로맨스를 꿈꾸는 사람들이 대부분이기에, 나 홀로 여행객에게는 이상적이지 않을 수 있다.

　그래도 이곳을 꼭 방문하고 싶다면 그나마 숨통이 트이는 곳을 소개해주겠다. 이 값비싼 휴양지에서 유일하게 저렴한 숙소, 호스텔 타오르미나Hostel Taormina가 그곳이다. 내 집처럼 편안한 이 숙소는 매일 25명가량의 여행객으로 꽉 찬다. 이 사람들 모두 당신과 같은 처지다. 파트너와 함께 타오르미나에 왔다면 호스텔에 묵을 리가 없지 않겠는가.

　타오르미나는 파티 플레이스도 아니다. 촛불을 밝히고 연인끼리 손을 꼭 잡은 채 저녁 식사를 하는 곳이다. 누군가의 두 눈을 뚫어져라 바라보게 되는 곳이다. 사랑을 고백하기 위해 무릎을 꿇는 곳이다. 같이 가고 싶은 사람이 생기기 전까지는 잠시 보류하자.

파푸아뉴기니

파푸아뉴기니에는 7백만 명 이상의 사람들이 살고 있다. 이들은 7천 개가 넘는 부족 출신이며 사용하는 언어도 8백 가지가 넘는다. 이런 나라에 문제가 없으면 이상하지 않을까? 이상한 폭력 사태가 일어나도 놀랄 사람이 있을까? 부족이 둘만 있는 나라에서도 계속 싸움이 일어나는데, 7천이라니.

물론 파푸아뉴기니에는 부족 간 충돌 말고도 많은 게 있다. 7천 개이상의 부족이 있으니 지구상에서 가장 다양하고 흥미로운 모험을 할수 있는 여행지가 아니겠는가. 각 마을이 하나의 새로운 나라처럼 느껴질 테니 말이다. 이 놀라운 나라에서 여태 존재하는지도 몰랐던 것들을 볼 수 있었다. 나는 라바울 근처 산에 사는 바이닝족의 불춤을 본 적이있다. 거대한 마스크를 쓴 사람이 칠흑같이 어두운 숲에서 튀어나와 모닥불 위를 뛰어다니고 그 위에서 춤을 추는 의식이었다. 알로타우Alotau의 케누와 쿤두 축제에서 전통 배를 만드는 사람과 지내면서 내 인생최고의 스쿠버다이빙을 한 적도 있다.

하지만 이 모든 건 동료들과 함께 했기에 가능했다. 수가 많은 편이안전하다. 파푸아뉴기니는 놀라운 곳이지만 그만큼 예측 불가능하고 때로는 위험할 수도 있다. 자기가 뭘 하는지 아는 사람, 무슨 일이 생길지, 어디를 피해야 할지 눈치 빠르게 파악하는 사람과 같이 가는 게 좋다. 파푸아뉴기니에는 반드시 가봐야 한다. 하지만 혼자서는 가지 않는 게 나을지도 모른다.

훌루 부족 사람이
전통적인 몸치장을 뽐내고 있다.

이 놀라운 나라에서
여태 존재하는지도
몰랐던 것들을 볼 수 있었다.

/ 9 장 /

내 인생
최고의 여정 5

◀ 페루 살칸타이 트레일에서 휴식을 취하고 있는 하이커들.
▶ 케냐 마사이마라의 평원.

이런 옛말을 들어보았을 것이다.
"목적지가 중요한 게 아니라
 여정이 중요한 것이다."

뻔한 이야기처럼 들리겠지만 사실이다. 여행의 영광은 어딘가에 가 있는 것뿐만 아니라 가는 과정까지 포함한다. 한 곳에서 다른 곳으로 옮겨 갈 때 겪는 모든 모험이 여행이다. 이 세상을 하나로 연결해주는 작은 지점, 지금까지 존재하는지도 몰랐던 작은 마을을 탐험하는 것, 그리고 거기에서 시간을 보내는 것 모두 여행에 포함된다. 위대한 여정은 당신에게 수많은 가능성을 열어준다. 길에서 만나는 수백만 명의 사람들이 각각 뭔가 새로운 것을 알려줄 수 있다.

나는 여행을 여정으로 만드는 걸 좋아한다. 처음과 끝만 설정해놓고, 나머지는 저절로 모양을 갖춰가게 내버려둔다. 시간이 갈수록 여행의 명암이 스스로 드러나고, 나는 그저 여정을 계속할 뿐이다. 이런 게 가장 순수한 형태의 여행이다. 마음을 사로잡는 예상 밖의 여행. 이동 자체가 흥분이다. 매일매일이 새롭다.

그리고 이런 여정 중에는 여럿일 때보다 혼자일 때 더 잘 맞는 것들

베트남 하노이의 거리 풍경.

이 있다. 모험과 안전이 완벽한 균형을 이루는 여정, 새로운 사람을 만
날 기회와 혼자 독립할 기회가 모두 제공되는 여정이 바로 그런 것이다.
이제 나 홀로 여행 중 가장 마음에 들었던 다섯 여행지를 소개할까 한
다. 여정의 아름다움을 기꺼이 받아들이고 싶은 사람 누구에게나 추천
한다.

나이로비에서
케이프타운까지

NAIROBI TO
CAPE TOWN

나미비야 에토샤 국립공원에서는
코끼리와 마주칠 기회가
매우 많다.

아프리카는
당신의 피에 스며든다.
뼈에 침투한다.

그렇게 당신 몸속 어딘가에 깊숙이 자리한 채 떠나지 않는다. 아프리카 새벽의 고요한 아름다움에는 무언가가 있다. 사바나가 천천히 눈에 들어오면서 기대감이 차오른다. 불타는 듯한 황혼도 예사롭지 않다. 수많은 동물이 일으킨 모래 먼지 너머로 거대한 태양이 지는 모습. 아프리카 여행 중에는 아프리카가 당신에게 천천히 스며들게 되는 의례적인 순간들이 있다. 모닥불가에서 먹는 식사, 일몰을 보며 마시는 진토닉, 끝도 없이 반복되는 폴 사이먼과 토토의 음악.

지구상에 아프리카 대륙만큼 황홀한 경험을 선사하는 곳은 없다. 야생의 모험, 자연과 하나가 된 것 같은 느낌을 어디서 받겠는가. 이 광대한 지역은 한 나라에서 다른 나라로 옮겨 가면서, 서로 다른 문화, 다른 도시와 분위기를 경험하며 장기간 여행을 하는 쪽이 이상적이다.

나의 첫 아프리카 여행은 케냐 나이로비에서 남아프리카공화국 케이프타운까지 가는 여정이었다. 그리고 이 여행은 절대 잊을 수 없는 여행 중 하나가 되었다. 석 달 넘게 걸렸다. 황량한 캠프장에서 지내고, 딱딱한 땅바닥에서 자고, 모닥불로 요리를 하고, 매일매일 짐을 싸서 옮기는 일을 석 달 넘게 했다. 그렇게 결국 지평선 너머 도사리고 있는 테이블산을 만나게 되었다. 처음으로 되돌아가 이 모든 걸 새롭게 다시 시작할 수 있을 것 같은 기분이 들었다.

동아프리카 여행은 아프리카 대륙 여행의 완벽한 지침이 되어준다. 좋은 여행 인프라가 마련되어 있고 길도 꽤 괜찮으며 상대적으로 안전하기 때문이다. 나 홀로 여행객에게도 좋다. 이곳에서는 이동 중에 어쩔 수 없이 다른 그룹과 만나고 친구를 사귀게 된다. 이런 모험을 공유하다 보니 다른 어떤 곳에서 만난 사람들보다도 더 친해질 수밖에 없다.

이 여행 중에는 '빅 5', 즉 사자, 표범, 코끼리, 버펄로, 코뿔소를 만나길 기대하며 세계에서 가장 유명한 동물 보호구역을 지날 것이다. 사람들로 붐비는 아프리카 도시에서 도시만의 즐거움과 예측 불가능함을 느끼게 될 것이다. 힘든 문제도 해결해야 할 것이다. 타이어를 갈아 끼워야 할 수도 있고, 진창에 빠진 바퀴를 꺼내야 할 수도 있으며, 뭘 먹어야 할지 고민하며 슈퍼마켓을 뒤져야 할 수도 있다.

당신의 삶은 이 여정으로 말미암아 변화할 것이다. 앞으로 절대 잊지 못할 경험을 하게 될 것이고, 잊지 못할 사람들을 만나게 될 것이다. 아프리카는 당신의 피에 스며들 것이다. 그렇게 예전과는 다른 당신이 될 것이다.

하이라이트

나이로비에서 케이프타운까지 가는 길에는 다 셀 수 없을 정도로 많은 하이라이트가 있다. 가장 안전하면서 쉬운 경로는 케냐에서 시작해 탄자니아, 말라위, 잠비아, 보츠와나, 나미비아를 거쳐 남아프리카공화국에 도착하는 것이다. 그러면 세렝게티, 마사이마라 국립공원, 오카방고 델타, 에토샤 국립공원을 지나게 된다. 잔지바르, 말라위호, 빅토리아 폭포, 스텔렌보스를 지나오면 도시, 소도시, 시골, 황량한 캠프장까지 다 둘러볼 수 있다.

확실히 이 여행의 주요 하이라이트는 동물 보호구역이다. 사자, 코끼리, 표범, 치타, 그리고 들어본 적도 없는 수천 종류의 이국적인 동물을 눈앞에서 보면 진심으로 신이 난다. 잔지바르에는 반독립적인 섬 국가가 있는데, 이곳에서는 하얀 모래사장 위에서 느긋한 시간을 보낼 수도 있고 스톤 타운의 역사를 체험할 수도 있다. 오카방고 델타에서 통나무배를 타는 것도 독특한 스릴이 있다. '천둥소리가 나는 연기' 빅토리아 폭포도 한번 보면 절대 잊을 수 없다. 남아프리카공화국 스텔렌보스에 있는 양조장을 방문하는 것도 기분 전환에 좋다. 사실 아프리카에서는 차를 몰며 열린 차창을 통해 덜컹거리는 세상을 보는 것만으로도 인생에서 가장 위대한 경험이 될 수 있다.

**당신의 삶은
이 여정으로 말미암아
변화할 것이다.**

▶ 케냐 메루 국립공원 길에서 만난 타조 가족.
▲ 보츠와나의 현지 산족 사람.
▼ 나미비아 나미브나우클루프트 국립공원의 명소,
  데드블레이.

위험 요소

동아프리카와 남아프리카에 있는 나라들은 다소 위험하며 예측할 수 없는 목적지다. 여행 중 뭔가가 잘못될 수도 있는 곳, 솔직히 몇 번쯤은 일이 어긋날 수 있는 곳이라는 뜻이다. 이런 곳에서 만나는 극적인 일은 피할 수 없다. 그리고 그저 잘못된 시간에 잘못된 장소에 있었기 때문에 일어나는 일이다. 대신 그 외 다른 문제들은 충분히 예방 가능하다. 일단은 여행하기 전에 예방접종을 해야 한다. 그리고 말라리아 치료 약을 꼭 챙겨야 한다. 의료비와 긴급 대피까지 모두 보장하는 여행자 보험도 들어야 한다. 돈은 현금, 카드, 수표 등 여러 가지로 준비하고 서로 다른 곳에 보관하자. 밤에 혼자 나가는 건 금물이며 동료들과 그룹을 지어 나가는 편이 낫다. 동물 보호구역에서는 가이드의 지시에 복종해야 한다. 그리고 최신 안전 정보를 얻기 위해 정부의 여행 경보를 확인해야 한다.

나이로비의 부티크 호텔 겸 보호구역인 지라프 메이너에서 식사를 하는 사람들. 아침 식사 시간에 기린이 손님들을 맞아준다.

여행 계획

미리 정해진 투어에 합류하지 않고 혼자서 이 여정을 헤쳐나갈 수도 있다. 동아프리카에서는 대중교통을 이용할 수도 있고, 소형 버스, 택시, 현지 버스를 탈 수도 있다. 하지만 추천하지는 않는다. 특히 아프리카 여행이 처음이고 혼자라면 말이다. 그러므로 더 쉽고 더 안전하게 여행하는 방법은 '오버랜더'가 되는 것이다. 오버랜드는 대륙을 횡단하는 트럭 투어 중 하나로, 유명한 곳들을 데리고 다니며 가이드해주고 잠재적 위험도 피하게 해준다.

버스 투어가 아니라 트럭 투어라고 한 것 기억하는가. 아프리카에서 타는 차는 고급 대형 버스가 아니다. 승객과 텐트, 짐까지 다 실을 수 있게 트레일러를 연결한 트럭, 개조한 사륜구동 트럭이다. 보통은 운전기사와 여행 리더가 타고 요리사가 같이 타기도 한다. 사람이 많아야 안전하다. 모험을 함께 할 동료 여행객이 많아야만 밤늦게 외출을 할 때처럼 잠재적으로 문제가 생길 수 있는 상황에서도 든든하며, 때로 위협적일 수 있는 이 대륙을 훨씬 쉽게 여행할 수 있다.

나이로비에서 케이프타운까지 오버랜드 투어를 운영하는 회사는 아주 많다. 스타일도 각기 다르고 비용도 다르다. 추천할 여행사는 아카시아 아프리카^{Acacia} ^{Africa}, 인트레피드 트래블, G 어드벤처스, 오아시스 오버랜드^{Oasis Overland}다.

여행 시기

나이로비에서 케이프타운까지 제대로 여행을 하려면 석 달은 걸릴 것이다. 그러나 여행을 좀 잘게 쪼갤 수도 있다. 오버랜드 여행사에서 제공하는 프로그램대로라면 열흘 정도로 짧은 여행도 가능하다. 일 년 중 겨울이 여행 적기다. 하늘은 맑고 국립공원의 수자원이 부족해 야생동물을 더 쉽게 볼 수 있다. 게다가 케냐에서 탄자니아까지 영양이 이주하는 시기이기도 하다. 그러므로 6월에서 9월 사이 여행하기를 추천한다.

남극

ANTARCTICA

남극 해안에서
볼 수 있는 탐험 선박.

"선원들이 모두에게 전할 말이 있대."
로드리고가 뭔가 꿍꿍이가 있는 듯
목소리를 낮추고 말했다.

"오늘 밤 파티가 있을 거야. 저녁 먹은 후 선원들 갑판에서. 술이랑 음악을 준비했대."

깜짝 놀랄 일이었다. 공식적으로 선원들의 갑판에는 승객들이 갈 수 없었다. 아래층은 은밀하게 무언가를 준비하는 지저분한 곳, 위층에 있는 승객들 갑판이 최대한 원활하게 돌아갈 수 있도록 서비스를 준비하고 배 상태를 점검하는 곳이었기 때문이다.

선원들도 우리 층에는 들어오지 않았다. 그래서 아래층에는 뭐가 있는지 우리도 알 수가 없었다. 하지만 스페인어를 할 줄 아는 승객, 로드리고에게 이미 메시지가 전해졌고, 오늘 밤 우리는 그 문턱 너머로 초대를 받게 되었다.

아르헨티나 남부 우수아이아Ushuaia라는 도시에서 남극까지 가는 11일간의 여행 중 열흘째였다. 80명의 승객이 탐험선에 타고 있었는데, 승객들은 은퇴한 커플부터 오합지졸 젊은 배낭여행객까지 모두 제각각이었다. 이번 시즌 마지막 남극 여행이라 크루즈 여행사에서 할인된 가격으로 상품을 내놓았고, 배낭여행객들은 그런 여행사를 통해 합류한 모양이었다.

우리는 지난 9일 동안 남극으로 여행 온 사람들이라면 누구나 할 법한 체험을 했다. 이동 중에는 생물학과 지질학 수업을 들었으며, 마침내 남극에 도착했을 때는 수천 마리의 펭귄이 뒤뚱뒤뚱 재미있게 돌아다니는 모습을 숨도 못 쉬고 관찰했다. 우크라이나 연구 기지를 방문했을 때는 최대한 조심스럽게 행동했고, 과학자들이 직접 만든 보드카를 대접받고 수영장에서 시합을 해 이기기도 했다.

하지만 지금 우리는 남극을 떠났고, 모든 게 바뀌었다. 모두 축하하는 분위기, 해냈다는 성취감에서 벗어나 일상적인 여행으로 돌아가고 싶었는데, 마침 선원들이 자리를 마련해준 것이다.

저녁을 먹은 뒤 선원들의 갑판에 가보게 되다니. 주변이 시끌시끌해졌다. 네덜란드 커플은 독일 소녀와, 스페인 학생들은 호주 친구들과 웅성웅성거렸다. 크루즈 여행이 이렇게 재미있는 건 줄 누가 알았겠는가? 나는 늘 크루즈 여행은 나이 많은 세대가 즐기는 것, 보드게임이나 하고 뷔페나 먹는 건 줄 알았다. 하지만 이번 여행은? 매 순간순간이 즐거웠다. 남쪽을 향해 떠내려가는 그 느낌이 좋았다.

강의, 지저분한 저녁 식사, 펭귄과의 만남, 연구 기지 방문, 어마어마한 일몰, 돌아오는 길의 파티 분위기까지 모두 다 좋았다. 나랑 너무 잘 맞았다. 탐험도 있고 교육도 있고 파티 분위기까지 있는.

크루즈 승객들이
남극에 도착했다.

아직 마지막 날 밤이 끝나지 않았다.

그날 밤 저녁 식사를 마친 우리는 서로 눈빛을 주고받은 뒤 아래층 갑판으로 내려가기 위해 배 뒤쪽으로 향했다. 내려가니 아르헨티나 선원이 술 몇 병을 꺼내놓고 유치한 디스코 조명에 음악까지 틀어놓았다. 다들 술을 마시고 춤을 추었다. 그러다 선원들이 이 떠들썩한 파티를 준비한 것이 혼자 온 여성 승객들과의 만남 때문이라는 걸 깨달았다. 그리고 그들의 의도대로 된 것 같았다. 나머지 사람들에게는 길고도 즐거운 밤이었다. 들어가볼 줄 몰랐던 구역에 들어가 열흘간 회포를 풀었으니 말이다. 딱히 이 시간을 남극행 크루즈에서 기대할 하이라이트라고 할 수는 없지만, 즐거운 시간 중 하나인 것은 분명하다.

펭귄은 무한한 즐거움을 준다.

하이라이트

남극은 놀라운 곳이다. 다른 세상이다. 춥고 삭막하고 음울하며, 공기 중에도 위험이 서려 있는 곳, 날씨 하나로 모든 상황이 다 어그러질 수 있는 곳이다. 하지만 놀랍도록 따뜻한 곳이기도 하다. 떼를 지어 뒤뚱거리는 펭귄, 빙하 위에서 빈둥거리는 물개, 새하얀 자연의 아름다움 그 자체를 보는 것만으로도 즐거울 수 있는 곳이다. 거기까지 가는, 거기서 지내는, 돌아오는 모든 과정까지도 소중한 기억, 매력적인 체험이 된다.

남극에 가는 방법은 탐험 크루즈뿐이다. 그리고 시작부터 끝까지 일생에 다시 없는 여행이 될 것이다. 바다에서 오랜 시간을 보내는 게 장점이다. 그 시간이 상당히 힘들고 거칠지도 모르지만 말이다. 이 거대한 대륙에 도착해서 처음 맞는 광경도 멋지다. 지평선 위로 드러난 눈 덮인 언덕 꼭대기가 보인다. 이후 모든 활동에 야생과의 상호작용이 필요하다는 것도 장점이다. 고무보트를 타고 빙하들 사이를 지나 버려진 해변까지 가는 여정도 마찬가지다. 배에서 만나는 사람들도 좋다. 동료 모험가들이 새로운 '절친'이 된다.

위험 요소

이 여정의 주요 위험 요소는 나 홀로 여행객이든 아니든 모두에게 똑같다. 바로 뱃멀미다. 아르헨티나 남단과 남극 북단 사이 해협인 드레이크해협은 언제 거칠어질지 몰라 예측하기 힘든 것으로 악명이 높다. 평균적인 파도 높이는 10~12미터이며 걸핏하면 (6층 건물 높이에 이르는) 20미터 높이의 파도도 친다. 평소 멀미를 하지 않는 사람이라도 드레이크해협에서는 할 수 있다. 하지만 일단 그 지역을 지나면 항해가 순조로워지니, 추위를 이길 수 있는 옷만 잘 챙기면 된다. 여러 겹 껴입을 수 있는 옷을 준비하자.

믿기 힘들 정도로 고요한 남극.

여행 계획

대부분의 탐험 크루즈는 아르헨티나 남부 우수아이아에서 출발한다. 이런 여행은 예산이 빠듯한 여행객들이 쉽게 접근할 수 없는 것처럼 보이지만, 합리적인 가격으로도 꿈을 실현할 방법이 충분히 있다. 우선 시즌이 시작할 때, 또는 끝날 때의 여행을 고르자. 할인된 가격으로 이용할 수 있다. 시즌이 끝날 때는 예약 없이도 우수아이아에서 할인된 가격으로 투어를 끊을 수 있다. 약간 위험할 수도 있겠지만 말이다. 또 2인실 말고 3인용 선실을 선택하면 비용을 줄일 수 있다. 호주 회사인 치무 어드벤처스Chimu Adventures는 저렴한 남극 크루즈 여행에 특화되어 있다. G 어드벤처스도 다양한 초보적이고 저렴한 여행 상품을 제공한다.

여행 시기

남극 크루즈 여행은 11월부터 3월 말이나 4월 초까지가 성수기다. 대부분 숙박비 포함 11일이나 12일 여정의 여행이 준비되어 있다. 시즌이 시작할 때나 끝날 때 날씨를 더 예측할 수 없기 때문에, 할인된 가격을 원한다면 11월이나 3월이 이상적인 시기다.

◀ 젠투 펭귄 무리.
▶ 집에서 얼마나 멀리 왔나?
　남극 우크라이나 연구 기지에 있는 표지판.

미국 자동차 여행

ROAD TRIP USA

미국을 체험할 수 있는
가장 궁극적인 방법은
자동차다.

낡은 픽업트럭이
덜컹거리며 길을 지나간다.
빛 바랜 보닛 위에는
확성기가 설치되어 있다.

운전기사는 입에 담배를 길게 물고 챙 넓은 모자를 깊이 눌러쓰고 있다. 차가 지나가자 뒤에 붙어 있던 스티커가 보인다. "난 여섯 패거리를 죽였지. 그냥 죽어가는 모습을 보려고." 물론 기사가 정말 죽인 건 아닐 거다. 확성기를 보아하니 원래 차 주인은 선거 출마자였던 것 같다. 아니면 여기저기 끼기 좋아하는 카우보이였던가. 마침내 트럭은 멀어지고 덜컹거리는 소리도 사라진다. 서부 전선이 다시 조용해졌다.

네바다의 비티 Beatty에는 붐비는 거리가 하나뿐이었다. 그러나 당시엔 길에 아무도 없었다. 점심시간이었기 때문이다. 이 조그만 소도시의 몇 안 되는 주민들은 케이시즈 살룬에서 샌드위치를 먹고 있었다. 해가 쨍쨍 내리쬐던 날, 주민들은 농사와 사냥 이야기를 하고 있었고, 마을을 지나다 들른 사람들은 거의 운전 이야기를 하고 있었다.

네바다 비티까지 가려면 한참 운전해야 한다. 끝없는 사막을 가로지르는 쭉 뻗은 고속도로를 한참 달려야 하고, 귀신도 가지 않을 것 같은 유령 마을을 지나쳐야 한다. 이런 마을엔 집 창문이 판자로 막혀 있고, 낡은 RV차량이 마당에 서 있는 데다, 자동차 전용 극장에는 허리 높이만큼 잡초가 우거져 있다.

비티는 황량한 서부, 미국의 가장 서쪽 국경 지역, 무미건조하고 만만하지 않은 곳, 카우보이와 '난잡한 여자'들의 땅, 머리에는 모자를 쓰고 허리엔 6연발 권총을 찬 곳, 오래된 광산촌, 유령 나오는 호텔이 있는 곳, 현지인들의 얼굴이 햇볕에 거칠어진 곳, 차가운 맥주와 따뜻한 환대가 있는 곳이다.

홀로 여행하든 아니든, 이 황량한 서부를 만나는 방법은 자동차 여행이 유일하다. 나 역시 나 홀로 서부 여행의 중간 지점으로 비티를 찾았다. 네바다 북쪽 유서 깊은 마을, 버지니아시티Virginia City에서 출발해 남쪽에 있는 화려한 라스베이거스로 향하던 중이었다.

이 지역에는 수많은 역사와 신화가 있다. 대도시에서는 발견할 수 없는 미국의 다른 면을 만날 수 있다. 나는 이번 여행을 계획하며 네바다의 오래된 광산촌을 다 둘러보기로 했다. 운전 시간은 하루 서너 시간으로 줄이고 마을을 둘러보는 데 시간을 더 할애하기로 했다. 버지니아시티는 서부 여행의 출발점으로 딱 좋다.

네바다에서 가장 성공한 골드러시 정착지 중 하나이기 때문이다. 그리고 라스베이거스는 여행을 끝내기에 이상적인 곳이다. 수많은 가로변 식당과 술집을 경험한 후 만나게 되는 화려한 현대 도시이기 때문이다.

나는 한때 금광이었던 곳 옆에 위치한 골드 힐 호텔이라는 곳에서 여행을 시작했다. 이 금광은 1800년대 말 37명의 광부가 화재로 목숨을 잃은 곳이다. 그 탓에 호텔은 현재 유령이 출몰하는 곳으로 알려져 있었고, 벽난로 불이 다 타고 방 전등이 꺼져 완전히 캄캄해지자, 확실히 불길한 느낌이 들었다. 귀신 들린 집에서 잠을 자다 보면 온갖 소음이 기괴할 정도로 크게 들리는 법이다.

하지만 다음 날 해가 뜨자 나의 자동차 여행은 멀쩡히 시작되었다. 처음엔 미국 자동차협회에서 '세계에서 가장 외로운 도로'라는 이름을 붙인 하이웨이 50을 지나야 했다. 이 도로엔 정말 사람이 코빼기도 보이지 않았다. 그저 아스팔트 도로, 신선한 공기, 끝없는 푸른 하늘, 바퀴 돌아가는 소리뿐이었다.

네 시간 동안 미친 듯이 직선 도로를 지나고 났더니 마침내 토너파 Tonopah에 도착했다. 1900년대 초 한창 꽃을 피웠던 은광촌이었다. 그날 밤 나는 107년 전에 지은, 그래서 토노파의 영광스러운 시절을 모두 목격했을 미즈파 호텔Mizpah Hotel에 묵었다. 메인 엘리베이터 문에 아직도 총알 자국이 있었다.

다음 날 또 쭉 뻗은 고속도로에서 두 시간가량 차를 몰아 비티에 도착했다. 카우보이 마을이라는데, 말은 하나도 보이지 않고 카우보이만 잔뜩 있었다. "아, 카우보이와 그 애인들이 오늘 밤에 나올 거야." 이 마을 상공회의소에서 일하는 데비가 말했다. "다들 카우보이 옷을 입고 있을 거야. 뭔지 알지? 그 사람들은 백 년 동안 옷을 안 갈아입었거든!"

데비 말이 맞았다. 다들 카우보이 옷을 입고 있었다. 그날 밤 내가 맥주를 마시며 쉬고 있던 케이시즈 살룬에는 6연발 권총을 찬 남자들이 노래방 레퍼토리를 풀고 있었다. 가장 인기 있는 음악은 컨트리와 웨스턴이었다.

다음 날 나는 캘리포니아 주 경계를 지났다. 비티의 고원에서 데스밸리 Death Valley 아래로, 아래로 내려갔다. 나는 이 험난한 바위투성이 국립공원을 탐험한 후 다시 네바다주로 들어가 파럼프 Pahrump 로 향했다. 파럼프는 비막이 판자를 댄 주택들과 번쩍이는 카지노가 있는 큰 마을이었고, 옐프 Yelp 앱에서 가장 유명한 음식점이라고 검색되는 곳도 윤락업소였다. 나는 카지노에서 밤을 보내고 다시 길을 떠났다. 한참 직선 도로를 달리고 나니 길에 차가 많아졌다. 나지막한 산을 지나자 계곡 아래 라스베이거스가 모습을 드러냈다. 문명의 도시, 황량한 서부의 또 다른 버전이 기다리고 있었다.

자동차 여행을 좋아하는가? 미국은 그야말로 운전을 하기 위해 탄생한 나라나 마찬가지다. 게다가 혼자서도 충분히 할 수 있다. 현지인들은 친절하다. 길도 잘 닦여 있다. 그리고 풍경이 굉장하다. 절대 실망하지 않을 거다.

비티에서 바라본
아마고사 사막.

하이라이트

서부 자동차 여행을 결정했다면 여행의 하이라이트는 아마 현지인들과의 상호 작용이 될 것이다. 클린트 이스트우드의 영화 속 등장인물 같은 사람들이 모두 긴 코트를 입고 총을 차고 있다. 네바다에는 역사가 살아 있다. 길은 현대적이고 당신이 운전하는 차는 최신식일지 모르나, 라스베이거스에 도착하기 전까지는 모든 것들이 타임 워프를 한 것처럼 느껴질 것이다.

사실 미국에서 운전하다 보면 거기서 만나게 되는 현지인들이 먼저 눈에 띈다. 자동차 여행을 하면 유명한 관광지에서 벗어나 외국 억양을 거의 들을 수 없는 곳, 나 홀로 여행객이 신기한 관찰 대상이 되는 곳에 주로 가게 되기 때문이다. 캘리포니아 해변이나 바람 부는 뉴잉글랜드 뒷길, 뉴잉글랜드 남쪽의 습지대, 심지어 66번 도로를 달리는 것도 좋다. 경치는 아름다울 것이며 운전 외에 다른 즐거움도 있을 것이다. 하지만 그때에도 당신은 사람들, 많은 사람들, 신기하고 재미있고 흥미로운 사람들을 만나게 될 것이다. 그리고 그들이 당신의 마음을 사로잡을 것이다.

네바다의 리오라이트라는 유령 마을.
폐허로 남아 있는 광산촌 중 하나다.

위험 요소

네바다, 또는 미국 서부에 있는 다른 주들을 운전하다 보면 광활한 평지가 반드시 나타날 것이기 때문에 여기에 대비해야 한다. 물을 충분히 준비하고, 전화를 걸거나 GPS를 사용하기 위해 그 지역의 유심 카드도 마련해야 한다. 차가 고장날 경우도 염두하고 계획을 짜야 한다. 운전 자체는 꽤 안전하다. 미국의 도로가 잘 깔려 있고 교통도 예측 가능하기 때문이다. 그러니 주로 조심해야 할 것은 다른 지역을 여행할 때와 다르지 않다. 특히 새로운 도시에서는 주변을 조심해야 한다. 특별히 위험 요소가 있는지 사람들에게 물어보고, 히치하이크는 하지 말고, 운전할 때는 언제나 차 문을 잠가야 한다.

여행 계획

자동차 렌털이 가장 저렴한 여행 방법은 아니지만, 그래도 감당할 수 있는 수준은 된다. 우선 인터넷을 통해 이름 있는 자동차 렌털 회사의 특가 상품을 찾아본다. 여행을 시작한 지점으로 다시 돌아오는 일주 여행을 할 경우, 다른 지역으로 가는 것보다 렌털 가격이 싸다는 것을 기억하자. 훨씬 저렴하게 차를 이용하고 싶다면, 원래 위치에 가져다 놓아야 하는 차를 이용하면 된다. 트랜스퍼카 Transfercar라는 여행 웹사이트에서는 한 도시에서 다른 도시로 회수하는 차를 무료로 이용할 수 있게 해준다. 혼자 여행 중이고 일정이 유동적이라면 완벽한 이동 방법이다.

여행 시기

내가 했던 식으로 네바다주를 여행하려면 일주일에서 열흘 정도 소요된다. 어떤 여행이든 시간표는 철저하게 여러분에게 달려 있다. 2~3일이 걸릴 수도 있고 2~3년이 걸릴 수도 있다. 미국에서 운전은 일 년 중 언제 해도 상관없지만 사계절이 뚜렷한 나라라는 건 기억해두는 편이 낫다. 일부 남부 지방은 여름(6~8월)에 너무 더울 수 있고, 일부 북부 지역은 겨울(12~2월)에 너무 추워 도로가 얼 수 있다.

라파스에서
리마까지

LA PAZ
TO LIMA

세상에서 가장 유명한
경관 중 하나인
페루의 잉카 유적, 마추픽추.

꼭 창가 자리에
앉아야 한다.

남아메리카 이 지역은 워낙 놀라운 곳이다. 일단 땅에 발을 내디디면 신나고 이국적이며 독특한 여정이 기다리고 있다. 그렇기 때문에 별다른 소개가 필요가 없다. 그저 비행기 창문으로 라파스의 풍경을 내려다보면 충분하다.

아래를 내려다보면 안데스의 알티플라노고원이 별 특색 없이 펼쳐져 있다. 하지만 편평한 고원이 갑자기 깊은 협곡으로 바뀐다. 이 계곡을 쭉 따라가보면 저 멀리 지평선에 보이는 삐죽삐죽 눈 쌓인 꼭대기 기슭까지 이어진다. 협곡의 모든 면이 건물로 가득 차 있다는 걸 깨닫기까지는 한참이 걸린다. 이 허름한 벽돌 건물들은 알티플라노고원 가장자리에서 시작해 계곡 바닥까지 주욱 이어져 있다. 그중에는 고층 건물도 있다. 밝은색으로 칠한 버스도 보이고 아스팔트 길에 빽빽하게 들어서 있는 차들도 보이고 가파른 골목을 오르내리는 사람들도 보인다.

비행기가 비스듬히 날 때 이 모습을 잠깐 보고 나면 라파스 공항 활주로에 도달하게 된다. 이제 당신은 남아메리카에 도착했다. 진짜 남아메리카. 그중에서도 가장 멋진 곳에 말이다. 이제 세상에서 가장 멋진 여정이 시작될 것이다. 고대 문명, 세계의 불가사의, 현대와 전통문화를 모두 경험할 수 있는 여행이 시작된다. 높이 솟은 산봉우리와 황량한 평야를 지나며 지금까지 본 것 중 가장 새롭고, 가장 아름다우며, 가장 놀라운 광경을 보게 될 것이다. 라파스에서 리마까지. 잉카 문명에서 모체 문화까지. 주술사에서 코카나무 재배자까지. 기니피그에서 정찬까지.

나 홀로 여행객이 남아메리카를 여행하기에 딱 좋은 방법이다. 탄탄한 인프라와 다양한 교통수단이 마련되어 있어 배낭여행객이 애용하는 루트이기도 하다. 잉카 트레일, 마추픽추, 티티카카Titicaca 호수 같은 유명 명소를 다 볼 수 있을 뿐만 아니라 편안한 공간을 벗어나 낯선 곳에서 느낄 수 있는 미스터리한 분위기까지 만끽할 수 있다.

라파스는 여행을 시작하기에 완벽한 곳이다. 크고 바쁘고 새롭다. 이곳의 거리는 하루 24시간 차로 꽉 막혀 있다. 어떻게 보면 매력이 조금도 없는데, 또 어떻게 보면 환상적이다. 수상한 인물들이 으슥한 모퉁이에서 당신을 부른다. 주술사가 자질구레한 장신구를 팔러 다니며 행운과 불운을 빌어준다. 스페인 식민지 유적 옆에는 고층 건물들이 있다. 노점에서는 알아볼 수 없는 음식을 판다. 기이하고 놀랍다.

관광객들은 데스 로드에서 자전거를 타기 위해 라파스에 온다. 데스 로드는 절벽 옆에 붙어 있는 산길로 과거 수많은 사람을 좌절시켰던 곳이다. 또 근처에 있는 눈 덮인 산을 오르기 위해 오는 사람들도 있고, 그저 쉬기 위해 혹은 고도에 익숙해지기 위해 오기도 한다.

볼리비아인들은 자신들의 전통을 이어가고 있다. 여성들은 아직도 중절모를 쓰고 모직 숄을 두르고 있다. 코파카바나 Copacabana라는 마을에 교회가 하나 있는데, 사람들은 새 차를 사면 축복을 받기 위해 그 교회에 간다. 보험에 드는 것보다 그 편이 더 싸기 때문이란다. 도시의 거리에는 끊임없이 행렬이 늘어서 있다. 시위나 축제 둘 중 하나겠지만, 어떨 때는 분간하기가 힘들다.

여정이 계속될수록 점점 더 흥미로울 일만 남았다. 티티카카 호수에서 국경을 넘으면 페루로 들어간다. 페루는 볼리비아와 비슷한 듯 또 다르다. 이곳엔 세계 최고 문명 중 일부가 남아 있다. 잉카, 치무, 모체, 나스카가 그것이다. 안데스 고지대에 사는 사람들은 해안가 저지대에 사는 사람들과 완전히 다른 문화를 갖고 있다. 쿠스코 Cuzco 같은 도시에는 역사와 전통이 살아 있는 반면, 리마는 현대적이고 독창적인 곳이라 최고급 레스토랑부터 휘황찬란한 술집까지 없는 게 없다.

이 모든 것들이 당신을 기다리고 있다. 비행기 창가 좌석에서 풍경을 보는 것부터 시작하면 된다.

살칸타이산 바로 아래에서 쉬고 있는 등산객들.

이 여행을 온전히
혼자서 하고 싶은가?
물론 할 수 있다.

하이라이트

어디서 시작할까? 라파스가 좋을 것이다. 용기만 있다면 융가스 도로라고도 알려진 데스 로드를 산악자전거를 타고 지나자. 주술사의 시장도 둘러보자. 볼리비아 스타일 엠파나다인 살테냐스도 먹자. 그럼 다시 길을 떠난다. 다음 멈출 곳은 코파카바나다. 호숫가 마을인 코파카바나에 가야 잉카 유적의 중심지라 할 수 있는 태양의 섬과 달의 섬에 갈 수 있다. 티티카카 호숫가에 있는 푸노Puno 근처에 가면, 사람들이 아직도 갈대로 엮은 섬 위에 살고 있다.

이제 페루에 왔다. 고대 잉카의 수도이자 신대륙 정복자들인 콘키스타도르의 근거지, 쿠스코의 매력에 흠뻑 빠질 시간이다. 마추픽추를 구경하고 콜카협곡Colca Canyon 위를 나는 콘도르도 보

페루 안데스 현지 무당인 빅토르.
살칸타이 트레일을 안전하게 통과하기 위해
산의 신에게 기도를 하고 있다.

자. 그럼 이제 안데스고원에서 벗어나 해안가로 갈 시간이다. 그 전에 비행기를 타고 고대 문명이 사막 바닥에 새겨놓은 거대하고 미스터리한 문양, 나스카 라인도 둘러봐야 한다. 그런 다음 드디어 당신은 리마, 사람들도 많고 위협적인 리마에 도착했다. 트렌디한 술집에서 한잔하고 싶으면 바랑코Barranco로 가면 되고, 느긋하게 쉬고 싶다면 세계의 미식이 있는 곳, 모던한 미라플로레스Miraflores로 가면 된다. 그런 다음에 진심으로 멋진 이 여행을 위해 축배를 들자.

위험 요소

불행하게도 이런 곳은 혼자 여행하기에 안전적으로 부담이 있다. 남아메리카는 완전히 안전하지가 않다. 특히 리마는 좀도둑이 많은 곳, 때로는 폭행 사건이 벌어지기도 하는 곳으로 알려져 있다. 나 홀로 여행객은 더 표적이 되기 쉽다. 그러므로 이런 곳을 여행할 때는 눈에 띄지 않게 조심해야 한다. 즉 낡은 옷을 입고 사진기 같은 비싼 물건은 꺼내놓지 않으며, 늘 소지품을 몸에 지니고 다녀야 한다. 또 대중교통은 낮에만 이용하고 완전히 관광객처럼 보이지 않기 위해 기본적인 스페인 문장은 배워 가는 것이 좋다. 남아메리카라고 무조건 위험한 것은 아니지만 다른 곳보다는 더 조심할 필요가 있다.

여행 계획

이 여행을 온전히 혼자서 하고 싶은가? 물론 할 수 있다. 볼리비아 버스는 좌석이 뒤로 젖혀지는 '카마', 반만 젖혀지는 '세미 카마'로 나뉘는데, 무척 현대적이고 편안하다. 페루에도 마찬가지다. 기본적이지만 깨끗한 이코노미코 버스부터 등받이가 완전히 젖혀지고 웨이터 서비스를 제공하는 럭셔리 버스도 있다. 페루에도 안데스고원에 믿을 만한 철도 시스템이 있다. 여럿이서 함께 안전한 여행을 하고 싶은가? 라파스에서 리마까지, 혹은 리마에서 라파스까지 여행 상품을 제공하는 좋은 여행 회사도 많이 있다. 회사를 이용하면 잉카 트레일 허가를 받을 때도 유리하다(잉카 트레일은 이용 인원을 엄격하게 제한하기 때문에 사전에 예약해야 한다). 인트레피드 트래블은 22일짜리 여행 상품을, 투칸 트래블 Tucan Travel은 저렴한 14일 여행 상품을 구비하고 있다.

여행 시기

잉카 트레일을 등산하고 싶다면 4월과 10월 사이에 쿠스코에 가야 할 것이다. 6월에서 7월은 이 지역이 굉장히 붐비는데, 혹시나 부득이하게 이때 여행을 가야 한다면 다른 경로를 알아보는 것이 나을 것이다. 예를 들어 살칸타이^{Salkantay} 트레일도 잉카 트레일만큼 경관이 좋고 마추픽추 근처까지 갈 수 있다. 게다가 덜 붐빈다. 12월에서 4월은 볼리비아와 페루의 안데스 고원지대가 우기이기 때문에 이 시기는 피하는 것이 좋다(하지만 5월 이후에도 밤에는 추워지기 때문에 따뜻한 옷을 챙겨야 한다). 원한다면 더 많은 시간을 투자할 수도 있겠지만, 라파스에서 리마에 이르는 여행은 3~4주 정도의 여정이 딱 좋다.

볼리비아 라파스의 중앙 광장, 아르마스 광장.

볼리비아 태양의 섬.
먹이를 먹으러 온 라마.

호찌민에서
하노이까지

HO CHI MINH
CITY TO
HANOI

베트남에서 스쿠터는
완벽한 자유를 의미한다.

내가 심각한
실수를 한 걸까?

이 질문은 베트남 스쿠터 여행을 하는 사람이라면 누구나 스스로에게 하게 될 질문이다. '이건 완전히 잘못된 결정이었을까? 그냥 돌아가서 지금까지 있었던 일은 다 잊어야 하는 걸까?' 같은 질문도 마찬가지다. 그것들 모두 합리적인 의심이며, 나 역시 같은 생각을 했다. 호찌민 중심부 엉망진창인 거리의 소음과 먼지, 밝은 불빛을 뚫고 지나가다 보면, 베트남 여행을 시작한 지 2분 만에 이런 생각이 떠오른다. 내가 심각한 실수를 한 걸까? 그럴지도.

나는 혼다 블레이드 110cc를 끌고 오토바이 렌털 가게를 나왔다. 조용한 교외의 도로를 천천히 지나오면 어느새 대도시의 주요 도로에 들어서게 된다. 그리고 내가 터무니없는 짓을 저질렀다는 걸 깨닫게 된다. 너무나도 거칠게 운전하는 트럭, 예고도 없이 갑자기 멈추고 서고 방향을 트는 자동차, 휙휙 끼어들고 비틀대는 스쿠터, 너무 많은 스쿠터…. 갑자기 길가 어딘가에서 나타난 스쿠터들은 거친 강물에 내던져진 나뭇가지들처럼 어느새 거대한 흐름에 흘러 들어간다.

당신은 베트남,
진짜 베트남을 경험하게 될 것이다.
그리고 베트남의 일부가 되었다는
느낌을 받을 것이다.

초심자에게는 상당히 위협적이다. 겁이 난다. 불필요하게 위험한 상황이 연출되기도 한다. 하지만 호찌민, 다른 베트남 도시, 솔직히 동남아시아 어디에서든 혼자 스쿠터를 타려면 이런 교통 사정도 다 알아야 한다. 나 역시 결국은 다 깨우쳤다.

괜히 바짝 긴장하고 엄청 빠른 속도로 달릴 필요는 없다. 미리 마음의 준비를 하고, 동남아의 리듬에 녹아들 수 있게 조금만 연습을 한다면, 베트남에서의 스쿠터 여행은 가장 저렴하면서도 즐거운 나 홀로 여행이 될 수 있다.

베트남의 교통 상황, 베트남의 스피드에 익숙해지려면 시간이 좀 걸린다. 얼핏 이 나라의 자동차들이 굉장히 위험한 속도로 움직이고 있는 것처럼 보이지만, 실제로는 상당히 느린 편이다. 원래 제한속도는 시속 60킬로미터인데, 그 정도로 속도를 내는 일이 거의 드물다. 숨이 막힐 것 같은 도로에서 꼼짝도 못한 채 다른 스쿠터와 버스, 트럭, 자동차 틈을 벗어나려고 하다 보면 운전이 다 끝나 있다.

베트남의 매력은 길가에 있다. 당신이 정말로 보고 싶은 베트남, 진심으로 새롭고 매력적인 측면은 기차나 버스를 타고서는 만날 수 없다. 그것들을 경험할 수 있는 유일한 방법, 맛보고 냄새 맡고 볼 수 있는 유일한 방법은 이 나라 국민 대부분이 이용하는 그 교통수단을 이용하는 것, 바로 오토바이나 스쿠터를 타는 것이다.

오토바이나 스쿠터를 꼭 직접 몰 필요는 없다. 오토바이나 스쿠터를 타본 경험이 없다면 억지로 타지는 말라고 말리고 싶다. 두 바퀴로 여행할 방법은 더 남아 있으니 376쪽을 참고하자.

하지만 당분간은 오토바이를 타고 베트남을 속속들이 체험하는 데 집중하자. 스쿠터를 타고 베트남을 여행하는 것이 얼마나 멋진 일인지 경험하려면 대도시 외곽을 집중적으로 돌아보면 된다. 전형적인 동남아시아 경치를 볼 수 있기 때문이다. 논, 그리고 숲이 울창한 산, 저녁이면 지평선에 모여드는 먹구름 때문에 더 작아 보이는 시골 마을까지 말이다.

베트남에는 호찌민, 바닷가 냐짱Nha Trang, 역사적인 호이안Hoi An, 옛 수도 후에Hue, 장엄한 하롱베이Ha Long Bay를 모두 거쳐 가는 바나나 팬케이크 트레일이 있다. 관광객들은 거의 모두 이 루트를 이용한다. 하지만 이 지역들 사이사이에 있는 작은 시골이나 소도시에도 볼 것은 무척 많다. 그리고 그런 곳에는 외국인이 거의 없기 때문에 조그만 스쿠터를 타고 지나가면 사람들이 모두 환영해주고 관심을 갖는다. 매일 밤 평범한 게스트하우스에서 잠을 자고 다음 날 현지 시장의 쌀국수로 아침을 시

언제든 고장날 수 있다. 달랏 인근 지역에서
한 정비공이 오토바이 수리 중.

작하고, 길가에 가끔 멈춰서 아이스커피를 마시고 해먹에서 휴식을 취
하는 여행. 얼마나 멋진가.

그렇게 한참을 여행하면 베트남의 교통에도 익숙해진다. 다른 차 사
이를 요리조리 비집고 지나가는 것도 편하게 느껴질 것이다. 스쿠터 한
대에 다섯 명의 식구가 올라탄 모습을 봐도 눈 하나 깜짝하지 않게 될
것이다. 당신은 베트남, 진짜 베트남을 경험하게 될 것이다. 그리고 베
트남의 일부가 되었다는 느낌을 받을 것이다.

하이라이트

호찌민에서 하노이로 향하는 여행의 하이라이트는 여행 그 자체다. 스쿠터를 타고 이 나라를 경험하면서 조금씩 이곳을 알아가는 것 자체가 의미 있다. 예상 밖의 즐거움들이 기다릴 것이다. 시장에서 먹는 신선한 식사, 자동차 페리를 타려고 줄을 서 있는데 옆에 선 현지인들이 보내는 시선, 우연히 가게 된 작은 마을에서 묵을 곳을 찾는 일까지. 베트남 해안, 바닷가, 리조트를 즐기는 것도 물론 좋지만 달랏 Dalat 같은 중심부 산악 지대, 호찌민 남서쪽, 메콩 델타 깊숙한 곳에는 그곳만의 아름다움과 평온함이 있다.

유명한 관광지 중에서는 냐짱이 배낭여행객의 천국이라 할 수 있다. 관광객 위주의 술집에서 며칠 밤 실컷 놀면서 서양 문명과 다시 접촉할 수 있다. 호이안도 비슷하게 유명하다. 사람들은 세계 문화유산에 등재된 오래된 마을을 보기 위해 이곳에 오기도 하고, 세계에서 가장 맛있는 반미를 먹으러 오기도 온다(완벽한 정찬을 맛보고 싶다면 마담 칸스 Madam Khanh's를 방문하자). 다낭 Danang은 아름다운 해변이 있고, 후에는 역사의 도시다. 하노이는 아시아 특유의 북적임과 프랑스 식민지의 매력이 잘 섞여 있는 곳이다. 그리고 스쿠터는 언제나 여러분의 최고의 친구가 되어줄 것이다.

위험 요소

원래 오토바이나 스쿠터를 타는 건 베트남뿐만 아니라 어느 나라에서나 위험한 일이다. 당연한 말이지만 안전을 최우선으로 생각한다면 스쿠터 여행을 하기 전에 우선 생각해볼 것이 있다. 먼저 스쿠터를 직접 운전하고 싶은가. 만약 아니라면 혼자 스쿠터 여행은 추천하지 않겠다. 대신 다음 페이지에 소개한 다른 옵션을 살펴보자.

직접 스쿠터를 운전하길 원한다면, 보호 장비가 필요하다. 본인이 소유한 장비를 직접 가져오는 것도 좋다. 서양 규격의 헬멧은 일반적으로 동남아시아에서 구할 수 없기 때문이다. 질 좋은 라이딩용 장갑이나 부츠도 마찬가지다.

여행 보험도 필요하며 보험 증서를 자세하게 읽어봐야 한다. 오토바이 여행과 관련된 사항 자체를 보장하지 않는 보험이 있다. 또 본국에 오토바이 면허가 있거나 헬멧을 제대로 착용했을 때만 보장해주는 보험도 있다. 베트남에서는 면허 관련 법이 애매하기도 하고 면허가 필수적인 것도 아니지만, 엄밀히 따지자면 여러분도 베트남 면허가 있어야 합법이라고 말할 수 있다. 면허가 없다면 문제가 생겼을 때 경찰관의 결정에 휘둘릴 수밖에 없다.

오토바이를 대여할지 살지도 고려해봐야 한다. 베트남에서는 티지트 모토바이크스 tigitmotorbikes.com 같은 회사에서 단기 렌털을 할 수도 있고, 한 달 정도 장기 렌털할 수도 있으며, 회사에서 오토바이를 아예 샀다가 여행이 끝날 때 되팔 수도 있다.

여행 계획

직접 오토바이를 모는 게 부담스러운가? 이지 라이더 dalat-easyrider.com.vn 에서는 오토바이와 숙련된 기사, 전국 여행 계획표를 세트로 제공한다. 당신이 할 일이라고는 짐을 등에 짊어지고 뒷자리에 올라타서 매달려 있는 것뿐이다. 이지 라이더스는 원래 달랏에서 시작되었는데, 지금은 '이지 라이더스 베트남', '베트남 이지 라이더스', '오리지널 이지 라이더 베트남', '베트남 이지 라이더스 투어스' 등등 유사 회사가 우후죽순 생겼다.

오토바이 여행 자체가 마음에 들지 않는다면 호찌민에서 하노이까지 대중교통을 이용할 수도 있다. 베트남 기차는 아주 편안하지는 않지만 믿을 만하며, 버스 서비스는 저렴하고 이용하기 쉽다. 호찌민에서 하노이까지 가는 여행사 투어 상품도 굉장히 많다.

여행 시기

미리 경고하자면 긴 여행이 될 것이다. 1천 킬로미터 넘게 이동해야 한다. 적어도 두세 달 여유가 있는 게 아니라면 짧은 여행을 계획하자. 북부 고산 지대 주변 크루즈 여행, 메콩 델타 탐험, 해변에서 느긋한 시간 보내기 등이 가능하다. 어디를 가기로 했든 장마철은 피하자. 스쿠터 여행일 경우, 비를 맞으며 스쿠터를 타는 건 아주 별로다. 날씨가 좋을 때 여행하려면 3월에서 8월 사이를 노려라. 베트남 오토바이 여행에 대한 더 많은 정보와 추천 여행 일정이 궁금하다면 vietnamcoracle.com을 확인해보자.

/ 마 무 리 /

네 멋대로
여행하라

스위스 중부 피르스트에서
유리로 된 길 걷기.

당신은 할 수 있다.

뿐만 아니라, 해야만 한다. 누구나 일생에 적어도 한 번쯤은 혼자서 여행을 해야 한다. 이 책을 읽고 나 홀로 여행에 대한 지식을 얻고 자극을 받는 것, 바로 그게 내가 바라는 바다. 혼자 여행하는 것은 최후의 수단이 아니다. 못할 짓이 아니다. 그것은 궁극적인 모험이다. 있는 그대로의 순수한 여행 경험이다.

이제 모든 건 여러분에게 달려 있다. 남은 생에 어디에 갈지, 무엇을 볼지, 누구를 만날지, 어떤 경험을 할지 모두, 당신의 손에 달려 있다. 모두 당신의 통제 아래 있다.

물론 처음 혼자 여행을 떠날 때는 이 세상이 예측 불가능함과 위험으로 가득 찬 험악한 곳으로 보일 수도 있다. 하지만 이제 당신은 깨달아야 한다. 세상엔 모험도 넘쳐 흐른다는 것을, 아직 가보지 못한 장소, 만나지 못한 사람들, 해보지 못한 경험이 당신을 기다리고 있다는 것을. 그리고 당신에게는 그것들을 탐험하고 찾아내고 사랑할 능력이 있다는 것을.

당신은 새로운 도시에서 새로운 친구를 사귈 수 있다. 낯선 장소에서 길을 찾을 수 있다. 재앙을 헤쳐나갈 수도 있고, 실망스러운 문제를 처리할 수도 있다. 자유, 모험, 새로운 곳에 갈 기회, 당신이 진짜 누구인지, 진정으로 원하는 게 무엇인지 깨달을 기회 등 이 여행으로 얻을 모든 놀라운 것들을 다 받아들일 준비가 되어 있다.

그러니 혼자만의 여행을 즐겨라.

멀리 떠나서 다른 사람의 도움 없이 세상을 탐험해보라. 막판에 긴박하게 계획을 바꿔도 보고, 예상하지 못했던 기회를 붙잡기도 하고, 당신의 인생을 영원히 바꿔놓을지도 모를 우연을 만나도 보라. 인생의 기복을 다 느껴보고 다음 여행, 그리고 그다음 여행으로 가는 과정 중 깨우친 교훈도 받아들여라. 당신이 독립적으로, 당신만의 능력과 용기를 통해 직접 발견한 세상의 귀중한 자양분에 감탄하라.

절대 후회하지 않을 것이다.

유용한 참고 사이트

나 홀로 여행을 계획·예약·실행할 때 필요할 웹사이트를 소개한다.

동기부여

Accuweather : 목적지의 계절별 날씨를 알 수 있어서 언제 여행하는 게 좋을지 결정할 수 있다.
accuweather.com

Google Maps : 여행 일정표를 짤 때 필수적인 도구.
maps.google.com

Instagram : 해시태그와 지오태그를 이용해 여행 사진을 찾아볼 수 있고 영감을 얻기 위해 다른 여행가들을 팔로우할 수도 있다.
instagram.com

Matador Network : 전 세계 작가들이 쓴 방대한 여행 자료 모음.
matadornetwork.com

Rome 2 Rio : 목적지까지 가는 가장 빠르고 적합한 길을 알려준다.
rome2rio.com

Travelfish : 동남아시아 여행에 대한 정보가 풍부하다.
travelfish.org

TripAdvisor : 여행에 관련된 수백만 개의 리뷰가 있는 세계적인 사이트. 때로는 리뷰를 가감해서 들을 필요가 있다.
tripadvisor.com

Viator : 각종 액티비티와 체험 예약 사이트. 여행에 대한 영감을 주기도 한다.
viator.com

Wikitravel : 주류와는 다른 관점의 여행 정보를 제공하는 크라우드 소싱 사이트.
wikitravel.com

Wikiyoyage : Wikitravel과 유사함.
wikivoyage.com

항공편

Adioso : 여행 일정표가 유동적인 사람들에게 이상적인 사이트. 가장 저렴한 항공편뿐 아니라 가장 저렴한 시간대 정보도 제공한다.
adioso.com

Flight Aware : 일단 예약한 후에 유용한 사이트. 항공편을 추적해 지연을 미리 알려준다.
flightaware.com

Google Flights : 사용하기 가장 간단한 항공편 검색 웹사이트. 루트만 검색하면 항공권 옵션(과 가격)이 검색된다.
google.com/flights

Kayak : 서로 다른 항공사를 이용할 때(예를 들어 싱가포르까지는 콴타스항공, 싱가포르에서 프랑크푸르트까지는 루프트한자) 견적을 내주는 항공편 검색 웹사이트. 가장 저렴한 항공권을 찾는 데 도움이 된다.
kayak.com

Skyscanner : 굉장히 다양한 항공사까지 다 검색된다. 조사에 매우 유용하다.
skyscanner.com

STA Travel : 학생이나 배낭여행객을 위한 항공편 할인에 좋다.
statravel.com.au

숙박

Airbnb : 단기 아파트 렌털과 하우스 셰어의 세계적인 리더. 다양한 도시의 현지인들이 짜준 각양각색의 '체험'도 소개한다.
airbnb.com

Couchsurfing : 이 사이트를 이용하면 현지인의 소파, 빈방, 거실 바닥 등에서 무료로 잘 수 있다.
couchsurfing.com

Expedia : 예산에 맞는 숙소를 검색하기 좋은 호텔 정보 웹사이트.
expedia.com

Global Freeloaders : 무료 숙소를 찾는 월드와이드 네트워크. Couchsurfing과 비슷하다.
globalfreeloaders.com

Hostelworld : 전 세계 호스텔을 검색하고 예약할 수 있는 최강 사이트.
hostelworld.com

TrustedHousesitters : 한번 등록하면 아름다운 집에서 무료로 머물 수 있다.
trustedhousesitters.com

투어

Acacia Africa : 아프리카 육로 여행의 리더.
acacia-africa.com

Busabout : 타고 싶을 때 타고, 내리고 싶을 때 내리는 유럽 버스 투어. 파티 보트 투어 정보도 제공한다.
busabout.com

Chimu Adventures : 저렴한 남극 크루즈 전문 사이트. 남아메리카 여행 일정표도 제공한다.
chimuadventures.com

Contiki : 오리지널 배낭여행객 가이드 투어. 목적지와 여행 스타일에 따라 다양하다.
contiki.com

G Adventures : 훌륭한 소규모 모험 여행 회사.
gadventures.com.au

Intrepid Travel : 소규모 모험 여행의 세계적 선두 회사.
intrepidtravel.com

On The Go : 다양한 지역에 있는 그룹 투어 회사.
onthegotours.com

Oz Experience : 배낭여행객을 위주로 한 호주 버스 여행.
ozexperience.com

Singles Travel Connections : 나홀로 여행객을 위한 소규모 투어. 싱글 차지가 없다.
singlestravel.com.au

Topdeck : 18세부터 30대까지의 여행객을 위한 유럽, 아시아, 북아메리카 투어 제공.
topdeck.travel

Tucan Travel : 저렴하고 재미있는 남아메리카, 중앙아메리카 투어.
tucantravel.com

Two's a Crowd : 나 홀로 여행객을 위한 투어와 휴가.
twosacrowd.com.au

Urban Adventures : 전 세계 1일 투어 전문가.
urbanadventures.com

이동 수단

BlaBlaCar : 같은 목적지로 가는 사람들끼리 연락할 수 있게 해주는 카풀 앱.
blablacar.com

Drive Now : 전 세계에서 가장 저렴하게 차를 빌릴 수 있다.
drivenow.com.au

Eurail : EU 국가 시민이 아닌 사람에게 할인된 열차권을 판다.
eurail.com

InterRail : EU 국가 시민에게 할인된 열차권을 판다.
interrail.eu

Lyft : 미국에서 사용할 수 있는 승차 공유 앱.
lyft.com

Taxify : 우버와 비슷한 서비스를 제공하는 경쟁 상대.
taxify.eu

The Man in Seat 61 : 기차 여행을 하는 사람에게 매우 유용한 정보를 제공한다.
seat61.com

Uber : 거의 모든 도시에서 사용할 수 있는 승차 공유 앱.
uber.com

음식

Eater : 전 세계 음식점 리뷰와 미식가 관련 뉴스를 제공한다.
eater.com

Migrationology : 열정 넘치고 지식이 풍부한 미식가가 운영하는 음식/여행 블로그.
migrationology.com

OpenTable : 전 세계 음식점 예약 사이트.
opentable.com

Serious Eats : 수천 군데가 넘는 여행지의 음식 정보로 가득한 블로그.
seriouseats.com

Time Out : 선별한 도시의 훌륭한 음식점 리뷰가 있다.
timeout.com

할 일 찾기

GoOverseas : 해외 공부, 취업, 인턴 근무에 관한 속이 꽉 찬 정보.
gooverseas.com

Teach Away : 전 세계 교사직 리스트.
teachaway.com

TEFL : 영어 교사를 하기 위한 자격증을 주는 곳. 취업 기회도 제공한다.
tefl.com

Workaway : 여행객이 숙식을 제공받는 대신 일할 곳을 찾는 사이트.
workaway.info

WWOOF : 전 세계 유기농 농장에서 일할 기회를 얻을 수 있는 사이트.
wwoofinternational.org

친구 찾기

A Small World : 유료로 구독하는 여행, 소셜 네트워크 서비스. 성향이 비슷한 여행객끼리 묶어준다.
asmallworld.com

Backpackr : 근처에 있는 여행객과 연락을 할 수 있는 소셜 앱.
backpackr.org

Meetup : 전 세계 다양한 지역에 있는 여행객이 동료를 만날 수 있게 도와준다.
meetup.com

(다양한) Social media apps : 인스타그램, 스냅챗, 페이스북, 왓츠앱 등은 새로운 친구와 연락을 유지하는 데 필수다.

Twitter : 마이크로 블로깅 사이트는 새로운 친구와 연락하고 만나는 걸 도와준다.
twitter.com

안전/조언

BSafe : 비상시 알림을 받을 연락처 네트워크를 만들 수 있는 개인 안전 앱.
getbsafe.com

Smart Traveller : 호주 정부의 여행 자문 서비스. 다양한 나라에 대한 최신 안전 정보와 게시판이 있다.
smarttraveller.gov.au

UK Foreign Office : 영국 정부가 만든 여행 자문 사이트.
gov.uk/foreign-travel-advice

US Department of State : 미국 시민을 위한 여행 자문 사이트.
state.gov/travel

감사의 말

하디 그랜트^{Hardie Grant} 팀 전체에 어마어마하게 큰 빚을 졌다. 이들이 없었더라면 이 프로젝트는 불가능했을 것이다. 멜리사 카이저, 메건 커스버트, 엠마 슈워츠, 바네사 마시, 유지니 볼치, 그리고 이 책을 만드는 데 도움 주신 모든 분들, 감사합니다.

페어팩스 트래블러^{Fairfax Traveller}에 계신 앤서니 데니스, 크레이그 플랫, 제인 레디, 끊임없는 도움 주셔서 감사합니다. 내 에이전트 피파 매슨, 수고하셨어요.

이 책에 등장한 인물들, 내가 수년간 나 홀로 여행 중 만난 모든 사람들, 수많은 영감과 즐거움을 주신 데에 간략하지만 심심한 감사를 표합니다. 여러분이 내가 여행을 사랑하는 이유입니다. 감사합니다.

그리고 마지막으로, 나와 함께 살고 있는 편집자이자, 나의 설익은 아이디어를 테스트해주는 사람이자, 내가 필요로 할 때 이성의 목소리를 내주고, 내가 필요로 하지 않을 때도 나를 격렬하게 옹호해주는, 내 아이의 엄마, 내 일생의 사랑, 완벽한 여행 동반자, 제스. 우리 둘이 함께 할 기나긴 세월을 위해 건배.

IMAGE CREDITS

All images © Ben Groundwater, except the following:

Images sourced from unsplash, courtesy of the following photographers:
(Letters indicate where multiple images appear on a page, from top to bottom, left to right)

Joshua Humphrey 18;
Tom Holmes 28a;
Fancycrave 28c;
Toa Heftiba 29, 87;
Thought Catalog 28b;
Agus Dietrich 33;
Ruben Mishchuk 38;
Montylov 36;
Jacek Dylag 39;
Shazmyn Ali 45;
Katie Manning 44b;
rawpixel 50, 69;
Pau Casals 53a;
David Dibert 53b;
Tommaso Pecchioli 58a;
Elcarito 65;
John T 59;
Ryan Dam 61a;
Keenan Constance 61b;
Annie Spratt 68c;
Markus Winkler 68a;
Nicate Lee 68b;
Dino Reichmuth 74;
Sebastien Gabriel 72;
Frida Aguilar Estrada 78;
Redd Angelo 81;
Nicholas Green 86;
Mariano Rossi 92a;
Elevate 95;
Christin Hume 96;
Devin Avery 98;
Clemens Kreuer 104;
Jon Flobrant 105;
Deva Darshan 114;

Issam Hammoudi 107;
Samuel Zeller 109, 259a;
Paulo Silva 121a;
Sacha Styles 121b, 202a;
Vitor Pinto 118-119;
Benjamin Hung 123;
Bryan Pulgar 128;
Evgeny Lazarenko 129a;
Alain Pham 131b;
Robin Benzrihem 131a;
Alva Pratt 137a;
Chris Yang 139;
Patrick Tomasso 141;
Brooke Cagle 146;
Matteo Catanese 147;
Matteo Modica 148a;
Jon Tyson 148b;
Hieu Vu Minh 151;
Leonardo Burgos 150;
Simon Hua 155b;
Josh Gordon 157a;
Chanan Greenblatt 157b;
Cynthia Del Rio 165a;
Sasha Stories 168a;
Edi Libedinski 173a;
John Withers 177;
Michael Amadeus 182;
Pablo Heimplatz 184;
Josh Withers 183;
Holger Link 185a, 202b;
Christopher Burns 195;
Frankie Cordoba 201;
Laura Cros 200;
Chris Fuller 199;

Zoe Holling 204b;
Daniel Norris 207;
Matheus Frade 208;
Chinh Le Duc 215;
Chuttersnap 219;
Megan Hodges 221b;
Steve Yang 221a;
Huyen Nguyen 220;
Peter Hershey 223c;
Lim Eng 225;
Anne Lin 231b;
Mahir Uysal 242b;
Steven Su 245a;
Morgana Bartolomei 251;
Quentin Dr 259b;
Adrian Trinkaus 258;
Anastasia Dulgier 261b;
Lobostudio Hamburg 260;
Markus Spiske 262;
Bjorn Grochla 267a;
Daniele Salutari 269;
Diego Garcia 277b;
Pragmart 277a;
Clifford Yeo 282b;
Floris Jan Roelof 287;
Charl Van Rooy 292;
Shane Rounce 293;
Adrien Olichon 296a;
Jannis Brandt 298b;
Davide Colella 300;
Christian Fregnan 302;
Jakob Owens 306;
Alejandro Gonzalez 307;
James Wainscoat 314;

혼자서 떠나보겠습니다

나 홀로 해외여행을 계획하는 이들이
알아야 할 모든 것

지은이 벤 그라운드워터
옮긴이 윤영
펴낸이 정규도
펴낸곳 황금시간

초판 1쇄 발행 2019년 6월 10일

편집 박은경
교정교열 이정현
디자인 디자인 잔

황금시간
Golden Time

주소 경기도 파주시 문발로 211
전화 (02)736-2031(내선 361~362)
팩스 (02)732-2036
인스타그램 @goldentimebook

출판등록 제406-2007-00002호
공급처 (주)다락원
구입문의 전화: (02)736-2031(내선 250~252) **팩스:** (02)732-2037

값 18,000원
ISBN 979-11-87100-74-4 (13980)

http://www.darakwon.co.kr
• 다락원 홈페이지를 통해 주문하시면 자세한 정보와 함께 다양한 혜택을 받으실 수 있습니다.
• 기타 문의사항은 황금시간 편집부로 연락 주십시오.